U0120631

NATURAL

多 — 彩 — 的

HISTORY

直 — 翅 — 目

OF

昆 ————— 虫

ORTHOPTERA

刘春香

吴超

/ 著

海峡出版发行集团
海峡书局

图书在版编目（CIP）数据

多彩的直翅目昆虫 / 刘春香，吴超著. — 福州 ：
海峡书局，2022.11
ISBN 978-7-5567-1006-5

Ⅰ . ①多… Ⅱ . ①刘… ②吴… Ⅲ . ①直翅目—介绍
—中国 Ⅳ . ①Q969.26

中国版本图书馆CIP数据核字(2022)第149431号

著　　者：刘春香 吴超
策　　划：曲利明 李长青
责任编辑：林洁如 廖飞琴 龙文涛 陈尽 陈婧 陈洁蕾 邓凌艳
校　　对：卢佳颖
装帧设计：黄舒埼 李晔 董玲芝 林晓莉

DUŌCǍI DE ZHÍCHÌMÙ KŪNCHÓNG

多彩的直翅目昆虫

出版发行：海峡书局
地　　址：福州市台江区白马中路15号
邮　　编：350004
印　　刷：雅昌文化（集团）有限公司
开　　本：889毫米×1194毫米　1/16
印　　张：10.5
图　　文：168码
版　　次：2022年11月第1版
印　　次：2022年11月第1次印刷
书　　号：ISBN 978-7-5567-1006-5
定　　价：78.00元

版权所有，翻印必究
如有印装质量，请与我社联系调换

展开翅膀以恐吓敌害的黄斑珊蠊 *Sanaa intermedia* Beier, 1943

（摄于云南勐腊）

直翅目昆虫是昆虫纲中很有代表性的一个家族，包括了人们熟悉的蝗虫、蝱斯、蟋蟀和蝼蛄，全世界超过 2 万种。广义的直翅类昆虫也包括螳螂、竹节虫等。这些都是我们耳熟能详的昆虫，曾伴随着我们度过幸福的童年。

直翅目昆虫常见于草原、森林、湿地、荒漠、农田等生态系统中，是生物多样性的重要组成部分，对生态系统的物质循环和能量流动有着重要作用。一些生态系统的退化和受害，可能直接引起了一些直翅目昆虫的物种消失，许多种类成为环境变化的指示生物。有些重要的蝗虫、蟋蟀和蝱斯种类，还是开展基础科学研究的模式系统。蝗虫是世界范围内的重要害虫，对粮食和牧草安全构成重要的威胁。2021 年非洲沙漠蝗的大爆发，波及 20 多个国家，影响了数亿人口的生产和生活。在中国的古籍记载中，自公元前 707 年至公元 1935 年，飞蝗引发的蝗灾就发生近 800 次。而另一方面，直翅目昆虫中的一些物种又因其悦耳的鸣声，同样很早地就被人们所关注，有些已经成为宠物市场的抢手货。在中国历史上，蝱斯、蟋蟀便贯穿着中国的文化发展直至今日。诗经中"蝱斯羽，诜诜兮。宜尔子孙，振振兮。蝱斯羽，薨薨兮。宜尔子孙，绳绳兮。蝱斯羽，揖揖兮。宜尔子孙，蛰蛰兮"，说明当时我们的祖先便已对蝱斯充满关注。我国的蟋蟀文化同样兴盛于各地，南方市场以江浙沪为代表，北方以京津冀鲁为代表。成名已久的蟋蟀产地，当属北方的齐鲁大平原，这里首推德州宁津和泰安宁阳。每年虫季，全国前来山东收购蟋蟀的大军不下百万人计。近年来，山东省菏泽市的蟋蟀市场也浮出水面，一到 8 月，每天清早有 20 多个摊位进行蟋蟀交易。来自北京、扬州、西安、上海、成都等地的客商早早就在蟋蟀交易市场等候，这个交易市场每天的交易额都在数万元以上。由此可见，恐怕再没有哪类昆虫能如直翅目昆虫这般与民生紧密相关了。然而，纵使直翅目昆虫与我们的生活有着这么重要的联系，但对于大众，很多时候分清蝗虫、螽斯、蟋蟀恐怕并非易事。在人们日益关注自然环境、生物多样性和文化生活的今天，确需一本关于直翅目昆虫的通俗易懂的科普读物。

　　中国科学院动物研究所的刘春香副研究员和吴超先生所著的这本《多彩的直翅目昆虫》，从这类常见昆虫的形态、栖境、文化等基本信息入手，详尽介绍了直翅目昆虫的生物学特性，又以较大篇幅展示了中国直翅目昆虫的各个分支具有代表性的常见的物种。最后，还简短记述了直翅目昆虫的寻找、采集、饲养及标本制作的基本方法。这本书文字轻松通俗，图片丰富精彩，是两位作者以多年来长期积累的成果，很好地展现了蝗虫、螽斯、蟋蟀等精彩绚丽的一面。如今欣悉此书即将出版，我非常期待广大读者能喜欢这本图文并茂的科普书籍。"蟋蟀在堂，役车其休。今我不乐，日月其慆。无以大康，职思其忧"，在认识这类有趣的昆虫的同时，我们还要不忘创新和奋进。

康 乐

中国科学院院士

2022年8月10日于北京

● 西藏阿里，此处海拔达到5500米。2017年，在我们对本地区的调查中依旧发现了2种蝗虫1种螽斯，可见直翅目昆虫适应力之强大

　　说起直翅目昆虫，或许很多读者稍感陌生，但提到蝈蝈、蚂蚱、蛐蛐之名，应该就倍感亲切了。多新翅类的直翅目无疑是昆虫家族中最兴盛的几个类群之一，它们形态多样，适应力超群，遍布南极洲外的世界各地。从北非令人生畏的沙漠到南美广袤的雨林，从炽热荒芜的海岸到寒风凛冽的高原，直翅目昆虫既能出现在海拔超过 6000 米的喜马拉雅山脉，也能在人类现代化的居室中安家。它们既能成为人们闲暇时的玩伴，也能如梦魇般席卷人类生活的根基，可谓是对人类影响最大的一类昆虫。包含了各类蝗虫、螽斯、蟋蟀的直翅目昆虫与我们如此息息相关，也在身边如此常见，然而对于多数大众而言，对它们最初级的区分却往往仍显困难；基于此情，我们以近年来积累的生态照片、野外观察及最新的研究成果尝试编撰此书，力求让大众对这类传奇昆虫有一个初步的认识和了解。

　　本书包含了两个大部分：概述和常见类群的识别。在概述部分，分章节涵盖了直翅目昆虫的基本信息、文化、形态结构、生活史及生物学；常见类群的识别部分则包含了中国境内有记录的主要分支——几乎是全部的类群——的代表性物种，每种附以简介及生态图片。本书既可用于对直翅目昆虫相关信息的概况了解，也可作为中国直翅目昆虫各科及常见物种的识别图鉴，更可用作各个年龄段读者之科普参考。尽管我们和为本书出力的朋友们多次细心校对，但也感错误纰漏难免，更何况一些生物学记录难免片面，因而也望读者朋友们发现谬误能不吝指正，我们也好在未来的版本中吸取教训加以更正。最后，希望本书能让您喜欢，也希望丰富多彩的直翅目昆虫能获得您的垂爱。

刘春香　袁锂

二〇二二年仲夏于海南尖峰岭

目录

• 蚤蝼科Tridactylidae某种（王建赟摄于广西崇左）

1

直翅目
昆虫
的
简介

• 飞蝗 *Locusta migratoria* 是体形最标准的直翅目昆虫之一。紧凑的身体，较大的头部及发达的咀嚼式口器，发达的近马鞍形的前胸背板，半革质且直挺的前翅及强壮的跳跃足，这是直翅目昆虫最典型的形态特征，让大众能轻易地认出它们

　　直翅目昆虫是昆虫纲有翅亚纲中的一员，包括两个区别分明的亚目，即以蝗、蚱、蜢为代表的蝗亚目 Caelifera 和以螽斯、蟋蟀等为代表的螽亚目 Ensifera。这两个亚目的形态区别主要体现在触角的长度、前足是否具听器及产卵器的形态。在蝗亚目昆虫中，它们的触角往往显著地短于体长（长角蝗科 Tanaoceridae 除外），触角节数通常少于 30 节，前足不具听器（如果具听器，则听器位于腹部第 1 节），产卵器由原始的 3 对产卵瓣减少为 2 对具横纹肌的短小产卵瓣；而在螽亚目昆虫中，它们的触角显著

地长于体长，一些物种甚至能达到体长的数倍，这些丝状的触角的节数远超出 30 节，前足通常具有听器，延长的产卵器具 3 对产卵瓣。

• 蝗亚目（上）与螽亚目（下）是直翅目的两大分支，通常，我们可以通过触角是否显著细长来将这两类区分开（王志良摄）

和绝大多数昆虫类群一样，第一个为直翅目物种进行科学命名的人同样是瑞典籍日耳曼人卡尔·冯·林奈（Carl von Linné）。此后直翅目昆虫的分类学研究兴盛至今，各大国皆有专门研究直翅目分类学的专家学者，对世界范围内的直翅目昆虫研究做出重要贡献。按照最近的研究，蝗亚目被分成 9 个总科，而螽亚目分为 7 个总科（Song et al., 2015），已记录近 29000 个物种，是现生昆虫中多样性较高的一个家族，在多新翅类 Polyneoptera 大家族中尤显兴盛。直翅目昆虫通常独立生活，仅蚁蟋科物种客居在蚁巢之中；通常中大型，但也包含了很多体长小于 1 厘米的类群，而最大型的物种的体长则可超过 12 厘米。这些昆虫的寿命通常在 6 个月上下，发生世代因种类和分布区域而异，多数地区一年仅发生一代，少数可发生两代，热带地区的直翅目昆虫则可能全年发生。在温带寒冷地区的直翅目昆虫多以卵的形态越冬，但如异斑腿蝗属 *Xenocatantops* 等物种则以成虫的形态度过寒冷的冬季，并在翌年初春即开始活动。

节肢动物门　phylum Arthropoda
　六足总纲　superclass Hexapoda
　　昆虫纲　class Insecta
　　　有翅亚纲　subclass Pterygota
　　　　新翅下纲　infraclass Neoptera
　　　　　多新翅类　cohort Polyneoptera
　　　　　　直翅总目　superorder Orthopterida
　　　　　　直翅目 order Orthoptera

　　通常认为包含各类竹节虫的䗛目 Phasmida 昆虫为直翅目的姊妹群（sister group），它们共同构成直翅总目 Orthopterida，再与螳螂（螳螂目 Mantodea）、蜚蠊（蜚蠊目 Blattodea）、蠼螋（革翅目 Dermaptera）、足丝蚁（纺足目 Embioptera）等有咀嚼式口器的不完全变态昆虫共同构成新翅下纲的多新翅类。外观上，因有着一对发达跳跃足，使得直翅目昆虫通常易于识别，尽管有时可能和一些竹节虫或蜚蠊相混淆。

- 包含形形色色竹节虫的蟾目昆虫被认为与直翅目有着较近的亲缘关系，这个植食性昆虫家族以出色的拟态而著称

- 一些直翅目昆虫可能有着非常近似竹节虫的外形，如热带美洲的蟾蜢。但我们依旧可以看到标志性的发达后足，头部结构也与蟾类截然不同（刘晔摄于秘鲁）

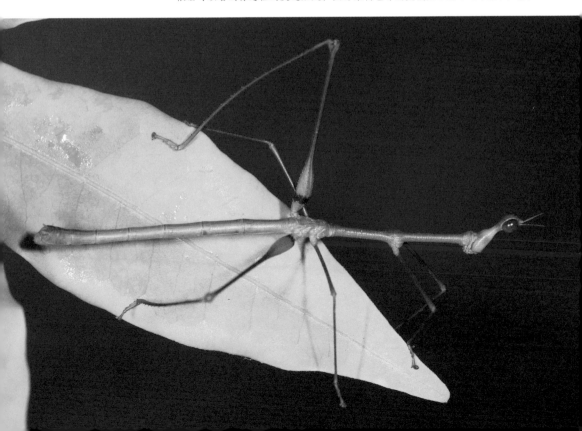

直翅目昆虫分布在世界各地，除南极洲外，可见于各个大洲甚至很多岛屿；除了过于寒冷的高山、两极，及一些年轻的海洋岛屿外，直翅目昆虫几乎无处不在。一些物种还非常适应城市

· 优雅蝈螽Gampsocleis gratiosa或许是最为著名的被用于赏玩的直翅目昆虫。这种螽斯往往被民间叫作"蝈蝈"，清脆的鸣声及鲜嫩的体色是它们广受人们喜爱的主要因素。在民间，对因饲养蝈蝈而产生的一系列相关用具也十分"讲究"。蝈蝈不仅在夏秋饲养，即使是寒冷的冬季，也有专门饲养的"冬蝈蝈"上市，这些反季节鸣虫往往被人们饲养在葫芦制作的容器内揣入怀中赏玩

甚至室内生活，在繁华的闹市区也不难遇到。即使在青藏高原海拔超过 6000 米的地区，仍可以见到一些蝗总科成员活动的踪迹；在西藏的阿里地区，螽斯科的藏螽 *Hyphinomos* 可以在超过 4500 米的荒漠环境繁衍。尽管直翅目昆虫能适应很多极端环境，但绝大多数物种依然喜爱温热潮湿的中低海拔地区。这也使得在中国，直翅目昆虫在云南、广西、海南等热带地区表现出极高的多样性；而在北方干冷地区，直翅目昆虫的物种数可能较低，尽管如此，种群量依然可能非常多，成为当地的优势昆虫类群，甚至危害农业生产。

大多数情况下，形态多样的直翅目昆虫对人类并无显著危害，甚至还可以给人们带来美感和乐趣。在中国，基于直翅目昆虫饲养的鸣虫文化源远流长，捉虫、听虫、赏虫、玩虫，这些娱乐活动富有情趣，上至老人下至幼儿，从乡野村夫到皇家贵族、文人墨客，均颇多喜爱。对这些昆虫的多方面记述和描绘，也是我国古代文化和民俗文化的重要组成部分。

在中国，自春秋战国时代起就可以见到一些对螽斯、蟋蟀等鸣虫的描述记录。《诗经》中，《国风·豳风·七月》篇有"五月斯螽动股，六月莎鸡振羽，七月在野，八月在宇，九月在户，十月蟋蟀入我床下"的经典词句，对这一类昆虫出现的时令、行为及栖息场所等做了形象详细的描写。各朝各代都流传有描述螽斯、蟋蟀的诗词著作，或抒发感情、或记述欢乐场景、或描写各种鸣虫形态。例如唐代诗人李白在《长相思》所写的"长相思，在长安，络纬秋啼金井阑，微霜凄凄簟色寒"，宋代诗人叶绍翁的"萧萧梧叶送寒声，江上秋风动客情。知有儿童挑促织，夜深篱落一灯明"，南宋抗金将领岳飞在《小重山》中的"昨夜寒蛩不住鸣，惊回千里梦，已三更。起来独自绕阶行。人悄悄，帘外月胧明"等等，皆能看到螽斯、蟋蟀的影子。螽斯类昆虫还常被视为多子多福的象征，如今，在故宫中依旧可见到取此寓意的"螽斯门"。

• 直翅目昆虫，尤其螽斯、蟋蟀的形象也常常出现在各类日常用品上。从中国的文玩葫芦、笔洗，到欧洲的烟卡等，各国的邮票上也时常能见到它们的身影（张嘉致先生提供）

　　除去对这些昆虫鸣声的专注，对雄性蟋蟀——通常是迷卡斗蟋 Velarifictorus micado——的打斗的喜爱亦由来已久。南宋的贾似道著有一系列描写蟋蟀打斗的作品，明清小说中也不乏提到斗蛐蛐的内容。明代的刘侗在《帝京景物略》中对当时京城中赏玩的各类鸣虫做了非常详细的描述，如"有虫，便腹青色，以股跃，以短翼鸣，其声夏虫也，络纬是也。昼而曝，斯鸣矣；夕而热，斯鸣矣。秸笼悬之，之瓢，以其声名之，曰蛞蛞儿""促织之别种三，肥大倍焉者，色泽如油，其声呦、呦、呦，曰油葫芦"等。各类蟋蟀、螽斯及蝗虫还常常出现在中国传统绘画作品中，被归入"草虫"一项。近现代绘画大师齐白石笔下的蝈蝈、蟋蟀和蝗虫栩栩如生，配以家具器物或是日常食用的蔬菜水果，极富生活气息。

如今大众依旧喜爱饲养优雅蝈螽 *Gampsocleis gratiosa*、油葫芦 *Teleogryllus* spp. 等为代表的各类鸣虫，斗蟋蟀的风俗文化也至今未衰，在各个城市中还常有专门的鸣虫市场用于销售野外采集或人工繁育的各色鸣虫。伴随着网络及现代物流的发达，很多难得一见的鸣虫，也能出现在爱好者的身边，成为新兴的宠物类群。

除去赏玩，用作饲料甚至以食用为目的的对直翅目昆虫的饲养也日益兴起。双斑蟋 *Gryllus bimaculatus*、家蟋蟀 *Acheta domesticus* 等物种是常见的宠物饵料昆虫，在各地均有养殖销售，以供应庞大的宠物市场。而在众多传统农耕地区，人们食用蝗虫历来不算罕见，如今已有专门的对飞蝗 *Locusta migratoria*、稻蝗 *Oxya* spp.、棉蝗 *Chondracris rosea* 等物种的食物用途的饲养，可让人们一年四季均能购买到新鲜的蝗虫食品。

· 花鸟市场中代售的"蝈蝈"，得益于成熟的人工繁殖技术，即使是在冬天，玩家们同样可以买到这些广受喜爱的鸣虫

· 伴随着各类鸣虫的饲养，对养虫葫芦的赏玩也成为一种特色文化。这些葫芦被清空内部、加上精致的口盖，用于饲养蝈蝈、油葫芦等鸣虫，以便于在冬季揣入怀中携带。葫芦本身也常被烫绘上图案以增加观赏性，其中不乏鸣虫主题的精美画作

· 街头手工艺人用芦苇等材料制作的蝗虫样貌的手工艺品，活灵活现，甚是有趣

• 争斗中的迷卡斗蟋 *Velarifictorus micado*，这是中国斗蟋蟀文化中最常用到的打斗物种。这个种分布广泛，大部分地区均可见到，这也是这项文化得以广泛流行的基础

• 家蟋蟀 *Acheta domesticus* 在世界各地被大量饲养用作动物饲料，如今我们在宠物市场中常能见到它们的身影，是最成功的几种饲料昆虫之一

尽管部分直翅目昆虫可以为人们带来喜悦和快乐，但不可否认，在人类历史上，曾给人们生产生活造成最严重打击的昆虫类群，很可能也是它们。当一些直翅目昆虫——尤其是蝗总科中的一些物种——大量发生并聚集成群，甚至大规模迁徙时，往往就会给农林牧业造成严重危害。无论蝗虫还是螽斯，均有部分种类可对农林业造成毁灭性打击。在人类历史上，蝗灾、水灾与旱灾的相间发生，成为人类生产生活中最严重的三大自然灾害，严重地影响人民的生活甚至生存。

在世界范围内，让人类遭受蝗灾的物种主要是沙漠蝗 *Schistocerca gregaria* 和飞蝗 *Locusta migratoria*。起源于非洲的沙漠蝗属于暴发性、迁飞性和毁灭性害虫，在近千年的人类文明史中持续产生蝗灾，其危害史可追溯至古埃及的出土石刻及圣经记载。在沙漠蝗大暴发的年份，其侵袭区可波及整个非洲大陆、中东以及地中海沿岸国家，2019－2020 年的大发生更是波及南亚的巴基斯坦和印度等 65 个国家，受灾总面积达 2900 万平方千米，甚至一度逼近我国领土。

在中国，蝗灾也同样是最主要的自然灾害之一。自春秋时代起的 2600 多年间，有记录的大规模蝗灾就发生过 800 多次。在我国，频繁引发蝗灾的物种主要是飞蝗 *Locusta migratoria*。这个种引发的灾害历史大发生和现今偶发通常在新疆、黄河中下游地区。在与蝗灾的斗争过程中，我国人民积累了许多宝贵的经验和知识，历代对蝗虫的发生规律、危害、防治策略及措施等也均有较详尽的记载和论述（陈永林，1994）。历史上，中国民众常遭受蝗灾之苦，但经过我国几代科学家的不懈努力，如今我国的蝗虫危害基本都在小范围及可控范围之内。马世骏先生从1951年起着手解决中国的千年蝗灾难题，他走遍了中国蝗灾多发地带，在黄河沿岸等地建立实验室；发现中国蝗灾频发的原因在于中国水灾旱灾常相间发生，且与飞蝗的生活史耦合，给飞蝗的繁殖和生存提供了便利的条件。基于此，马世骏先生提出"改治结合"的综合性防治策略：一方面应用化学和生物的方法控制蝗虫的密度；另一面改造飞蝗的栖息地，使栖息地不利于飞蝗的繁殖，从而控制蝗虫的数量。此后，马世骏先生的弟子们，如康乐先生等将分子生物学与生态学结合，基于对飞蝗生态基因组、表型可塑性和行为调节机制的研究，破译了飞蝗基因组，首次发现嗅觉感受蛋白基因和多巴胺代谢途径对飞蝗型变的启动和维持机制，以及飞蝗两型转变的表观遗传规律；并将这些重大发现实际应用于飞蝗灾害的控制之中。

· 著名的成灾蝗种：飞蝗*Locusta migratoria*（王瑞摄于新疆）

另外，一些局域性分布的蝗虫和螽斯，也会给某些国家和地区的农林牧业生产造成一定危害，如东南亚和东亚地区的竹蝗 *Ceracris* spp.、欧亚大陆地区的意大利蝗 *Calliptamus italicus* 及小车蝗属 *Oedaleus* spp.、中国新疆和内蒙古草原环境中的硕螽类 Bradyporinae 以及北美的摩门螽斯 *Anabrus simplex* 等直翅目昆虫。在大发生期，这些物种在合适的温湿度和风向等天气条件下聚集或甚至迁飞，均可造成严重危害。在华北地区，东亚飞蝗 *Locusta migratoria manilensis*、黄胫小车蝗 *Oedaleus infernalis*、花胫绿纹蝗 *Aiolopus thalassinus tamulus* 等主要蝗灾种类造成的危害在近年仍时有发生；蝼蛄 *Gryllotalpa* spp.、蟋蟀和部分螽斯种类也可能对日常农业生产产生一定危害。

直翅目昆虫能够造成如此大危害的主要原因在于大多数直翅目物种为植食性种类，规模为 1 平方千米的沙漠蝗群一天进食植物的数量可与 3.5 万人的进食量相当（李晶，张煜，2006）。另一个重要的原因就是一些直翅目昆虫在特殊环境下具群居特性，同时，还可以根据生长期间的环境条件和种群密度来改变它们的外部形态特征。蝗虫若虫在种群密度高的时候可以形成群居型（gregarious phase），种群密度低的时候形成散居型（solitary phase）。这两种型在形态和生理上都不同，并且随着种群密度的变化，在世代之间和个体生长的过程中，发生相互转变，即型变（phase change）。如今对蝗虫种群的监控手段日益发达，也有助于我们对蝗灾的预警及防控。

除去这些农业生产上的影响，以突灶螽 *Diestrammena* spp. 为代表的灶螽类及以灶蟋 *Gryllodes* spp. 为代表的一些蟋蟀还可能在室内出没，对未加保护的食物造成潜在的病菌传播威胁，进而影响人们的生活健康。

除去直接影响农林作物，部分直翅目昆虫的捕食习性也对柞蚕养殖业产生一定危害。在我国东北蚕区，一些杂食性的螽斯为害柞蚕的卵、蚕、茧。贺传海（1960）报道了辽宁省螽斯对柞蚕的常年为害率在 20% 左右。在螽斯大发生时，还可造成柞蚕严重减产。董绪国，穆秀奇（2003）报道了辽宁省柞蚕捕食性天敌有 9 种是螽斯，其中 2 种螽斯的危害程度为烈度。而在天然林中，这些捕食性螽斯则可能被视为防控害虫的天敌昆虫

• 螽斯科的似织螽*Hexacentrus* sp.捕食蝗虫，一些捕食性螽斯在控制虫害上有一定效果，但在养蚕地区也可能带来经济上的负面影响

资源。杨春材（1987）就曾报道过螽斯科的江苏寰螽*Atlanticus kiangsu* 对马尾松毛虫 *Dendrolimus punctatus* 的捕食作用，有着积极的防控价值。

• 驼螽科Rhaphidophoridae物种在紫外光下产生明显的荧光反应（摄于海南乐东）

2

直翅目
昆虫
的
身体结构

和绝大多数昆虫一样，直翅目昆虫的身体分为头、胸、腹 3 个主要部分，并在胸部具有 3 对足，通常还生有 2 对翅。直翅目昆虫为不完全变态昆虫，因而它们自小到大，身体的主要结构都没有显著变化。

头

　　直翅目昆虫的头部多为卵圆形至圆锥形，或可能有配合拟态而变化，有时还可能存在有角状物。通常为下口式，部分种可能为后口式或前口式。复眼大而发达，表面光滑，位于头部前上方的两侧，通常为卵形，或拉长为长卵形；复眼一般显著隆起于头面部。野外观察时，直翅目昆虫的复眼内常可见一个能随观察者角度改变而改变位置的小黑点，状如能随时盯着观察者的"瞳孔"；实际上，这只是昆虫复眼内的一个光学构象，并非真实存在的结构。直翅目昆虫通常具 3 枚单眼，中央单眼常位于面部正中，侧单眼位于复眼及触角窝之间；但一些物种单眼可能缺失。

• 直翅目昆虫的头部往往近卵圆形，或在头顶一侧延伸成锥状；一些物种还可能存有棘刺或扩展物，使得头部的形态更加多样（李超摄）

• 直翅目昆虫的口器为标准的咀嚼式口器，往往有着发达且高度骨化的上颚；左右上颚往往并不对称，更适于切断食物

直翅目昆虫的触角可分为两个基本类型：蝗亚目的触角显著短于身体（长角蝗科 Tanaoceridae 除外），触角粗壮或扁宽，少数物种顶端膨大，触角分节数较少；螽亚目的触角显著长于身体，绝大多数为纤细的丝状，向末端逐渐变细，触角分节数较多。所有直翅目昆虫均为咀嚼式口器，口器结构包含上唇、上颚、下颚、下唇及舌等 5 个基本部分，在下颚及下唇上分别附有分为 5 节的下颚须及分为 3 节的下唇须。直翅目昆虫的上颚发达且骨化程度较高，通常不对称，可用于碾磨食物；捕食性物种的上颚可能有着锋利的边缘及大的锯齿。通常情况下，两性的上颚结构相似，但诸如斗蟋属等雄性有显著争斗行为的物种，雄性可能有着显著发达于雌性的上颚。

胸

和其他昆虫一样，直翅目昆虫的胸部也包含前、中、后 3 个部分。前胸显著发达，具有骨化程度较高的前胸背板（pronotum）；

• 在头部之后，直翅目昆虫可见紧邻的、骨化程度较强的前胸背板；前胸背板的前缘往往会嵌套住头的后侧。对于有翅的成虫而言，中后胸往往被遮盖在翅下

前胸背板侧叶（lateral lobe）向下延伸并盖住前胸侧板。前胸背板背面具 1 条细中横沟（transverse groove）延伸穿过前胸背板，把前部的沟前区（prozone）和后部的沟后区（metazona）分开，在中横沟之前另具前横沟和后横沟。在一些物种中，特别是蝗

• 直翅目昆虫的前胸背板往往有着多样的特化，主要表现在棘刺、扩展物及向后盖住部分身体的延伸等结构；这些结构往往为直翅目昆虫提供保护及伪装，有时也会被发音的直翅目昆虫用作"喇叭"

• 一些锥头蝗的前胸有坚硬的突起物，可以提高前胸的硬度，为它们提供一定程度的保护（刘晔摄于马达加斯加）

亚目昆虫，前胸背板背面常具 1 条纵中隆线（longitudinal median line）；前胸背板背面和前胸背板侧叶之间的转变在螽亚目昆虫中通常是圆形的，但在一些物种中这两个部分是以一个夹角相遇或以一条隆线相连，被称为侧隆线（lateral carina）。很多直翅目昆虫的前胸背板有各式各样的特化，往往具脊、刺、扩展物等结构，一些物种前胸背板可能向后延伸，盖住部分或全部的翅及腹部，起到保护作用。前胸腹板的骨化程度相对较弱，有时具腹板突。中后胸一定程度上愈合，外壁骨化程度较低，但内部肌肉系统发达；中胸腹板与后胸腹板相嵌合，后胸腹板的后端又与第 1 腹节的腹板相连接。一些螽亚目成员在中后胸背侧具有特殊的腺体，可在求偶时分泌吸引雌性的物质。

足

直翅目昆虫在前、中、后胸各具一对足，分别称为前、中、后足。各足均包括基节、转节、股节、胫节、跗节等5个部分；一些物种可能在足上具有配合拟态的扩展物。直翅目昆虫的前、中足通常为正常的步行足，但在蝼蛄科中前足高度特化，呈开掘足形态。对于螽亚目成员，前足胫节基部常具有听器结构。后足常显著发达于前、中足，大多数物种后足拉长，具有发达的股节及相对细长的胫节，成跳跃足形态；但在蝼蛄科中后足为步行足。直翅目昆虫的各足常常具有刺及可动的距，用于防御或捕食。跗节数因种而异，通常3～4节，少数种类仅1～2节；跗节端部具一对爪。跗节的腹侧常有垫状结构，这些结构表面往往具有致密的纤毛，有助于直翅目昆虫攀附在光滑物体的表面，就像壁虎那样。直翅目昆虫往往有断足逃生的习性，这通常仅表现在后足上，前、中足通常不会自主断落。

• 对于螽亚目成员而言，前足胫节上往往具有听器。听器为胫节上的开口，内有鼓膜结构。一些螽斯有着左右不对称的听器，或许能更高效地分辨声音传来的方向

• 蝼蛄Gryllotalpidae高度特化的前足，为适应挖洞的生活，它们的前足特化成挖掘铲的形态，状如鼹鼠的前足。有着类似生活习性的筒蝼科也有着相似的前足结构

• 直翅目昆虫的后足修长，在胫节背侧往往有尖锐的刺突，这有助于它们防御敌害

• 裂跗螽Schizodactylidae的跗节具有宽大的侧叶，以便于它们行走在河滩的细沙之上，也利于挖掘踢土

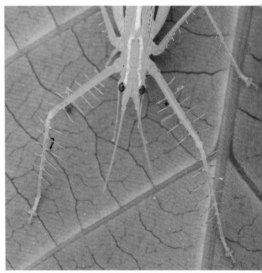

• 对于捕食性螽斯而言，前中足的股节及胫节内侧有长且尖锐的刺，以便于它们控制猎物

• 多数直翅目昆虫都有着一对较为厚实的前翅，用于保护后翅及腹部，一些种的前翅可能硬化程度很高，近似于革质。后翅有着宽大的臀域结构，平时可做扇形折叠收拢在腹部背侧

翅

　　大多数直翅目昆虫都具有两对翅膀，前、后翅分别着生于中胸及后胸背侧。前翅通常较厚，近革质，臀域较小，常被称为覆翅；在诸如东亚飞蝗等多数常见物种中，前翅窄而直，这也是直翅目这个名字的由来。后翅宽大，并可沿纵脉做扇形折叠，这也是直翅目昆虫飞行的主要动力器官。直翅目昆虫的前翅形态在不同物种间差异较大，一些拟态树叶的物种可能有着复杂的变形以配合拟态，而善于靠翅膀摩擦发出鸣声的物种则可能有着较大且特化的发音区域。此外，短翅及无翅的物种也不少见，同一物种内，也可能存在有长、短不同的翅型，或雄性中翅发达、而雌性翅退化或缩短。直翅目昆虫的后翅的变化相对前翅较为保守，

但也包含了各种形式的缩短和退化；一些物种的后翅可能存有鲜艳的色彩及夸张的斑纹，用以突然展开恐吓捕食者。值得注意的是，与蛴目昆虫不同，直翅目昆虫的翅很少出现前翅退化后翅发达的情况，仅在蚱总科中例外——这些小型的蝗亚目成员的前翅通常退化成卵片状，而后翅依然发达可用于飞行。

• 雄性迭部甘螽*Kansua diebua*的前翅完全特化为发音结构，尽管翅较宽大，但已经没有了飞行的功能

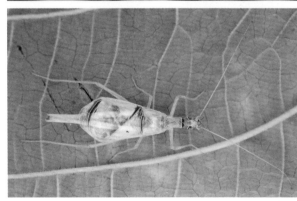

• 对于螽亚目昆虫而言，雄性前翅往往有着发达的发音器，有时能占据整个翅面

• 部分直翅目昆虫的成虫翅短甚至完全无翅，这在高海拔地区的物种中尤其普遍

腹部

多数直翅目昆虫拥有一个肥大、近长筒形的腹部，腹部各节骨板的骨化程度显著低于头及前胸背板，可随饱食或饥饿被撑大或收缩。直翅目昆虫具 11 节腹板，第 11 节腹板往往特化为肛上板或退化消失。腹侧的腹板第 1 节与后胸腹板连接，加之腹部末

· 雌性螽斯的产卵器，这个结构由3对产卵瓣叠加而成，可交错摩擦以刺入产卵介质之中（王志良摄于新疆）

· 蝗虫腹侧的听器结构，表现为一个近圆形的孔洞，内有鼓膜结构

端伴随外生殖结构的腹板特化,因而腹侧在雄性中仅可见第 2～9 节、雌性中可见第 2～8 节。雌性的第 8 节腹板及雄性的第 9 节腹板特化为下生殖板。在腹部末端,肛上板的两侧具肛侧板,这是由特化的第 11 节腹板而来。在蝗亚目物种中,腹部基部两侧常有听器结构。

腹部末端的两侧具有一对不分节的附肢,即尾须。尾须在雄性中常常起到抱握器的功能,在不同物种间有较大的变化,可用于分类学中物种的鉴定特征。尾须形态多样,通常为锥状。在蟋蟀总科中,尾须常细长且柔软;在螽斯总科中,雄性尾须则往往坚硬,且有着分支、齿、刺等特化结构,而雌性则较为简单短小。

对于雌性直翅目昆虫而言,腹部末端通常有发达且高度骨化的产卵器。产卵器由背瓣、腹瓣及较为退化的内瓣组成。蝗亚目昆虫的产卵瓣短而坚硬,近锥形,可上下开合以挖掘土壤;而螽亚目的产卵瓣常呈针状或侧扁的剑状,用于刺入或切割植物、土壤等产卵环境。少数直翅目昆虫的产卵器退化,如蝼蛄科、裂跗螽科、鸣螽科等。

• 直翅目昆虫的尾须不分节,在不同类群中形态上可能有较大差异;一些蝗虫及螽斯的尾须在交配时会起到抱握器的作用。图中为雄性华绿螽的腹部末端结构,可见尾须(箭头所指)及特化的肛上板、下生殖板

• 雌性蝗虫的产卵器形态,表现为上下两对可开合的锥状物,有助于它们挖掘土壤产卵

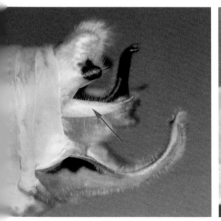

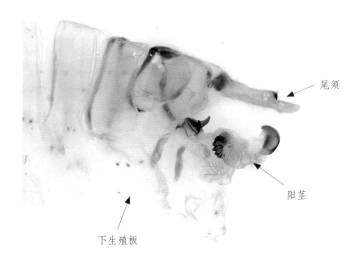

尾须

阳茎

下生殖板

• 似褶缘螽属的雄性生殖器结构，阳茎上有着显著骨化的阳茎叶。但在一些类群中，这些骨化结构可能完全退化，使得其生殖器官仅为一个可翻出充胀的膜质结构

雄性生殖器

直翅目昆虫的生殖器主要包含骨化的阳茎复合体及多样的膜质结构，骨化结构上往往具有棘刺或颗粒状突起。一些类群，尤其螽亚目中，骨化的阳茎结构可能不同程度地退化甚至消失，在露螽类中，有时完全不具备骨化结构，雄性生殖器仅为膜质的囊状结构。雄性生殖器的骨片及膜质结构的形态直接关系到生殖隔离，因而是用于鉴定物种的重要特征。

色彩

多数直翅目昆虫为绿或褐色，以融入所处的背景环境之中；但也有部分物种可能呈现出鲜艳多样的色彩，尤其那些能分泌有害防御液的蝗总科物种，它们往往有着红黄黑相间的典型的警戒色，以警告捕食者自身并非适口的食物。直翅目昆虫常常有着配合拟态植物的斑纹，一些物种可能在后翅上有眼状斑或明暗相间的条纹，在遇到惊扰时突然展开以恐吓敌害。极少数的直翅目昆虫可能存在金属色光泽。直翅目昆虫的体色通常为色素色，这也使得它们的色彩在死后会快速分解消失，标本的褪色可能给物种

- 对于直翅目昆虫，同一个物种有时可能存有多种体色，尤其是绿色与褐色。棘辛螽属 *Trachyzulpha* 的物种往往有着比较夸张的体色分化，分别拟态苔藓及地衣

• 蜢总科的物种常常有着鲜艳的色彩，如图中个体的黄蓝色斑块（李超摄于泰国南部）

的鉴定带来一定问题，因而活体照片在科学研究中有重要意义。此外，即使同一物种，也可能存有多个色型，单纯的色彩差异不能用于物种鉴定的主要依据。

• 鲜亮的色彩在直翅目昆虫中并不多见，但也有例外。这只热带美洲的露螽有着独特的粉红色前胸，非常漂亮；但这样的色彩往往会在个体死去后褪掉，变成黄褐色（刘晔摄于秘鲁）

卵囊

蝗亚目成员往往产出单独的卵粒并藏匿在土壤或植物等介质之中；但蝗总科成员则常常会群产出一定数量的卵粒，并包裹在一个卵囊结构之中。蝗总科的卵囊通常由卵囊盖、卵囊壁、泡沫状物质、膜质横隔膜、卵室等部分组成。卵囊壁用于包裹卵粒；膜质横隔膜可以分割卵室，但仅在少数物种中存在；泡沫状物质通常出现在卵囊的上部，可为卵囊中的卵提供一定程度的保护；泡沫状物质顶部则为卵囊盖，将卵粒与外部环境相隔离。不同蝗虫的卵囊形态，结构划分常常有一定差异，在某种程度上可用于物种的鉴别，但实际应用较少。卵囊的大小也会受到雌性个体的营养状况及产卵次数所左右。

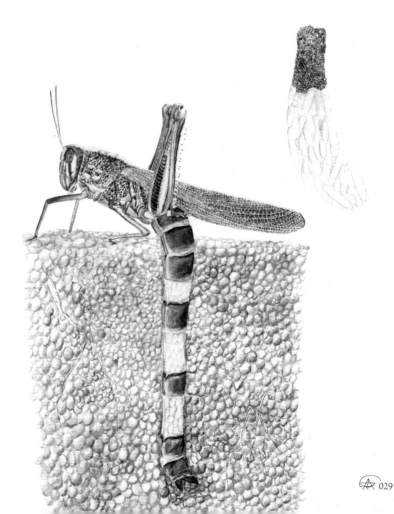

• 产卵中的棉蝗 *Chondracris rosea*，在这个阶段，雌性的腹部大幅拉伸，以便延长腹部将卵产入土壤深处。蝗虫的卵囊常被泡沫质的卵囊盖封堵，以起到保护作用。不同类群的蝗虫在卵囊形态上有一定的差别（聂采文绘）

• 海南等附蝗*Xenacanthippus hainanensis* Tinkham, 1940（王冬冬摄于海南乐东）

3

直翅目
昆虫
的
一生

直翅目是不完全变态昆虫中的一员，它们的一生包括卵、若虫、成虫3个主要阶段。自卵中孵化后，直翅目昆虫的幼体——若虫——便有着与成虫基本一致的外形，只不过翅及生殖系统尚未发育；幼年的直翅目昆虫通常也有着与成虫一致的食性和近似的生活方式，它们的发育过程中没有"蛹"这个阶段。

卵

所有的直翅目昆虫都是卵生的。尽管一些种类的卵可能在产出后被泡沫质的卵袋包裹，或产在各式各样的环境之中，但对于单粒卵而言，形态上都是基本一致的，直翅目昆虫通常产下长卵形的卵粒。对于很多螽亚目的成员而言，卵有着一个相对结实的外壳；而会产出卵袋保护着的卵块的很多蝗亚目成员，它们的卵往往柔软易破。不同种类的直翅目昆虫产下的卵的数量可能有很大差异，即便同种之内，也可能因个体的营养状况、年龄而有所不同；直翅目昆虫的雌性在发育成熟后可以多次产卵直至衰老死亡，一生的产卵量从数十至近千不等。蝗总科的不同物种所产出的卵袋形态有一定差异，一些情况下可通过卵袋的形态对物种进行鉴定。

• 大多数直翅目昆虫的卵粒都较为柔软，多呈长卵形；但一些螽斯的卵粒可能有着较为结实的表皮，如上图中的露螽类的卵往往侧扁，以便于产卵于树叶的上下表皮之间

• 在若虫翅芽开始发育后，后翅将逐渐反折盖在前翅之上，这样的特征仅见于直
　翅目昆虫之中。翅芽阶段的翅仅可见纵脉，不可见横脉，这一点可以将生有翅
　芽的若虫与短翅型的成虫区分

若虫

　　卵中的胚胎在开始发育后，通常 40 天内就能孵化，但是一
些直翅目昆虫的卵有较长的滞育期，尤其对于在北方以卵越冬
的物种。刚从卵中孵化出的幼体被称为前若虫，前若虫近鱼形，
肢体紧紧贴附在躯干之上；前若虫离开卵壳后立即会进行一次蜕
皮，进入各足均能自由活动的 1 龄若虫阶段。直翅目昆虫自 1 龄
若虫起即开始独立生活，只有少数蟋蟀类昆虫被记录到有对低
龄若虫进行照顾的育幼行为。独自生活的小若虫面临诸多风险，
它们通常有着可融入环境的保护色，一些物种的低龄若虫还可能
拟态蚂蚁或有鲜艳的色彩，以起到自我保护的作用。1 龄若虫的
翅完全没有发育，经历一次蜕皮后，进入 2 龄阶段，即可观察到

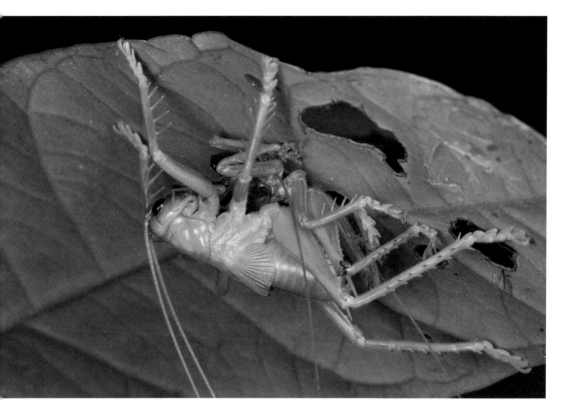

• 刚刚蜕皮的一只蟋螽若虫，可见到其宽大成扇形的后翅翅芽盖在前翅翅芽之上。和蜻目昆虫不同，直翅目昆虫的若虫往往不会吃掉蜕下的旧皮，但也有例外（李超摄于泰国南部）

翅芽的雏形；而翅芽往往在 4 龄后才可清晰辨识。与其他不完全变态昆虫不同，直翅目昆虫若虫的翅芽以一种独特的姿态摆放：尽管后翅芽位于前翅芽之后，但后翅芽却反盖在前翅芽之上，从侧面观时，后翅芽在外而前翅芽在内，但在成虫后则反为正常排列。直翅目若虫的翅芽尽管能观察到纵脉，但缺乏横脉结构。通过有无清晰的横脉，即可判断所观察的个体是若虫还是短翅种的成虫。多数直翅目昆虫具 5 ～ 7 个龄期，部分种的雌性可能比雄性多一龄。

　　和很多不完全变态昆虫的若虫一样，直翅目昆虫的若虫期的断肢也可在经历蜕皮后不同程度地再生。通常，触角的不严重缺损经过一次蜕皮即可修复，而足的断损则可能需要两次甚至更多次的蜕皮才能完全再生。这也意味着大龄若虫的断足可能没有机会完全修复，而造成成虫时左右足不等大的现象。

成虫

当末龄若虫发育成熟时，它们就会进行一生中最后一次蜕皮，进入成虫阶段。有翅种类的翅在这次蜕皮后充分发育，新蜕皮的成虫通过液压将翅完全展开，并在干燥坚硬后合拢折叠于背

· 正在羽化的螽斯，末龄若虫蜕皮后即进入成虫阶段。新蜕皮的成虫会通过液压将翅完全展开

• 一种蝗虫蜕皮后的展翅过程。整个蜕皮羽化的过程往往需要1小时左右

侧。整个羽化过程可能持续 1 小时以上，而体表完全干燥硬化则可能需要数小时甚至更久的时间。直翅目昆虫的成虫在羽化后需要继续进食才能完全成熟，因种而异，自羽化至完全成熟可能需要数天至数周的时间。成熟后的成虫的首要任务就是求偶繁殖，两性均可多次交配，雌性亦可多次产卵。因成虫后即不再蜕皮，这一阶段所受到的肢体损伤皆不可再修复，虫体也会随时间的推进而逐渐衰老。通常，直翅目昆虫的寿命大约 3 个月，一些大型物种可能更加长寿，甚至可能接近一年。

• 大多数直翅目昆虫的成虫都有明显的翅，与若虫期的翅芽结构不同，成虫的翅可以清晰地见到横脉结构（王志良摄）

• 独龙叶尾螽 *Molpa dulongensis* Wu & Liu, 2017（摄于云南独龙江）

4/

直翅目昆虫的生活

栖息环境

无论是令人神往的森林草原，还是身边钢筋水泥构建的城市，我们均可见到各色的直翅目昆虫。当然，和绝大多数昆虫类群一样，在植物茂盛且湿润温暖的环境中，直翅目昆虫的多样性会显著地提升。我们可简单将直翅目昆虫的栖息环境划分为林地、荒草地、河岸滩涂、农田及城市绿地。不同栖息环境中，直翅目类群有所不同，当然，也会受到所在地纬度变化的影响。林地环境中，螽亚目成员较为常见，尤其螽斯科的物种；荒草地环境则往往是蝗亚目成员的乐园；在中高纬度地区，螽斯科螽斯亚科的物种也较为常见；河岸滩涂则生活着一些蟋蟀、蝼蛄及部分蝗亚目物种。农田及城市绿地是典型的人工环境。在农田中，随作物种类的不同直翅目昆虫的构成可能会有很大差异，常见的几种蟋蟀及蝗虫都很喜爱这样的环境，但螽斯类物种多样性通常不高，仅适应性较强的物种较为常见。城市绿地因为人为干扰极大，直翅目昆虫的多样性一般较低，但依旧有日本条螽、纺织娘属、一些蟋蟀科、负蝗属蝗虫等物种非常适应这样的环境，成为闹市区中生态系统中的一员。通常情况下，不喜频繁飞行及趋光性较

• 华北地区
的草原环境

• 华南溪流环境

低的物种能较为适应城市环境，反之，个体则更可能在人头攒动的城市中死去。除此之外，螽亚目的蚁蟋是罕有的客居在蚁巢中的类群，它们在这极为独特的小生境中以蚁巢内的食物及蚁卵为食，漫长而独特的演化已经让它们失去独立生存的能力。

· 华东竹林环境

· 农田耕地环境

· 城市绿地环境

· 尽管多数直翅目昆虫生活在温暖湿热的环境中，但即使是青藏高原海拔超过 5000米的高原面上，也有多种蝗虫生存

· 云南怒江边的 沙滩，盛夏正午 时地表温度可 达60℃，一种蝗 虫依旧能在这 样炽热的温度下 活动。图中可以 看到，它们交错 抬起各足离开地 表，以免长时间 接触沙滩导致肢 体灼伤

取食

　　直翅目昆虫自孵化后即需要持续进食，即使是成虫期也不会像一些昆虫那样不再取食，反而在成年后通常食量会显著提升。所有直翅目昆虫的口器均为咀嚼式，它们需要用上颚碾碎固体食物并吞咽以进食，但少数物种也可能会主动取食花蜜等液态食物；当然，饮水往往也是必要的。大多数直翅目昆虫都是植食性的，一些物种间或也会进食遇到的动物性食物甚至主动捕食，而真正的以动物性食物为主食的捕食者在直翅目中并不占多数，通常集中在螽亚目之中，尤其蟋螽科 Gryllacrididae 及螽斯科的蛩螽亚科 Meconematinae。

· 取食植物叶片的蝗虫（王志良摄）

• 蜢在取食动物粪便，它们或许能以此摄入蛋白质及盐分

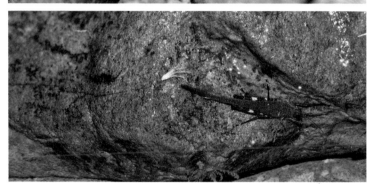

• 蚱潜入水下啃食藻类，它们延长的前胸背板一定程度上能起到潜水钟的作用

　　植食性的直翅目昆虫，大多数情况下并无专食性，但可能会对某一类植物表现出一定的偏好性。例如，很多蝗总科成员青睐禾本科植物，一些拟叶螽亚科的物种则喜好桑科的各类榕树。植食性的直翅目昆虫在进食时通常从植物叶片的边缘直接啃咬，它们往往只移动头部进行弧形运动，啃咬这个范围内能接触到的叶片组织，而留下弧形缺口；当一个范围内已经难以接触到叶片后，它们才会缓慢移动身体，继续进食。植食性的直翅目昆虫进食量较大，因本身通常栖息在寄主植物之上，一天中它们可以随时随刻地多次进食。以禾本科植物为主食的直翅目昆虫有时会对农业生产造成严重影响，最典型的例子莫过于包括飞蝗、沙漠蝗等物种在内的蝗科成员造成的蝗灾，这些物种的大规模发生及迁徙可能导致大范围内的粮食类作物绝收，甚至影响人类文明的发展。除去取食植物的叶片及嫩枝，一些螽亚目物种可能更青睐取

食花朵，而蝼蛄科及一些穴居的蟋蟀则可能以植物的根茎等为主要食物。对于生活在潮湿环境的蚱总科物种，藻类、苔藓等低等植物是它们的主食，一些蚱甚至能潜入水下啃食藻类，它们延长的前胸背板或许能起到储存空气的潜水钟的作用，维持它们在水下活动时的呼吸。

• 一种蝗科若虫群聚取食树木叶片。大群若虫聚集活动，对个体而言能显著提高生存率，降低自身被捕食的概率（王志良摄于河南黄柏山）

对于多数蚤亚目成员，如若碰巧遇到昆虫尸体，它们往往不会放弃摄取蛋白质的机会，但露蚤类——尤其拟叶蚤亚科的物种则很少这样做，它们是"虔诚"的植食者。会主动捕食身边猎物的直翅目昆虫都局限在蚤亚目之中，它们往往在前足及中足的胫节内侧有长而尖锐的刺列，用于在捕猎时卡住及固定猎物。捕食性的直翅目昆虫不会刻意杀死猎物，而是直接用发达有力的上颚啃咬，猎物因肢体严重受损而逐渐死去。大多数情况下，有捕食习性的直翅目昆虫只是捕食路过身边的猎物，是守株待兔型的机会主义者；而少数以肉食为主的螽亚目成员则可能主动寻找并

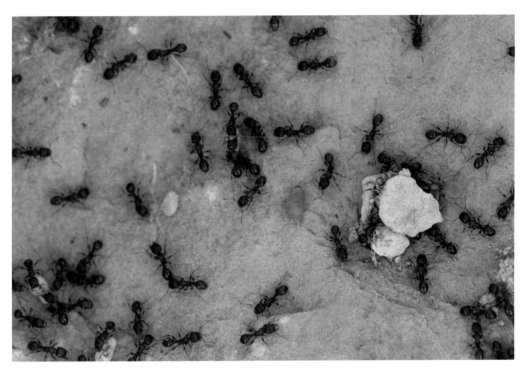

• 蚁巢内生活的蚁蟋*Myrmecophilus*，这类独特的直翅目昆虫在我国多数地区并不少见，但易被忽视

追击猎物，成为真正意义上的捕食者。蚁蟋科的物种客居在蚁巢之内，它们通常以蚁巢内储存的食物及蚁卵为食，在整个直翅目家族之中，这样的特殊食性绝无仅有。

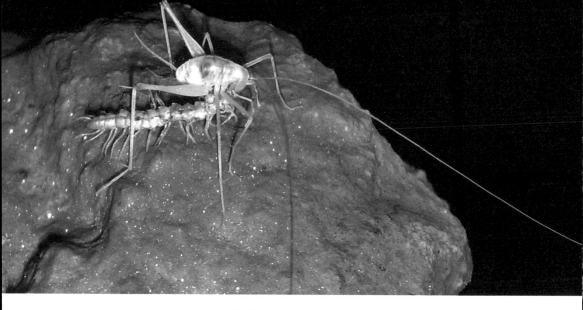

• 驼螽科的物种是少有的真洞穴性的直翅目昆虫，这些居住在深洞中的物种往往因缺乏色素而通体白色，复眼也完全退化，靠肢体及触角探知周围环境（刘锦程摄）

保护色及拟态

　　尽管一些直翅目昆虫能成为积极的捕食者，但即便如此，它们在食物链中仍处于较低层的位置，因而隐藏保护自己便成了重要的生存法则。直翅目昆虫往往有着较好的伪装及保护色：它们可能拟态成各式的植物组织，但也有一些物种拟态石块、砂砾，甚至鸟粪等。植物不仅是直翅目昆虫的食物，同样也是栖息场所和避难所；很多直翅目昆虫都有着接近植物叶片的外形和色彩，以便于它们藏匿其中。日常就能遇到的中华剑角蝗 *Acrida cinerea* 的身体和前翅拟态成禾本科叶片，头部延长成锥状，配合扁而宽的触角，使得它们能完美融进草丛。这便是我们最容易遇到的直翅目昆虫拟态植物的例子，而类似的情况在直翅目中不胜枚举。

相应地，栖息在宽大叶片上的直翅目物种则可能有着宽大的叶状前翅，甚至可能产生翅脉结构特化，以拟态植物的叶脉，这在露螽类中非常普遍。很多拟叶螽还会用翅膀掩盖中后足，以免足的结构暴露自己的行踪。触角是另一个可能导致伪装失败的结构，一些螽斯会在休息时将触角下垂收至身后来藏匿，而另一些物种则可能紧密合拢两侧触角向前伸直，以便于与叶片的叶脉混淆。

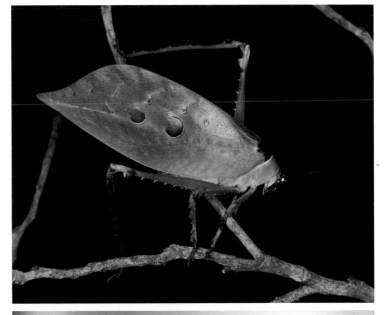

• 露螽亚科的弧斑齿胫螽Ancylecha fenestrate不仅有着状如树叶的身体轮廓，在足上还有宽大的棘刺用来使细长的足看起来更像是布满荆棘的树枝，同时，这样的结构也能为其提供一定的防御能力（李超摄于泰国南部）

• 为了隐藏易于暴露行踪的触角，这只华绿螽Sinochlora sp.将触角下垂并收入身后（摄于福建武夷山）

· 腐叶螽属*Sathrophyllia*的物种能很好地模拟树皮

· 藏匿于禾本科植物中的一种卡螳*Carsula* sp.，延长的头部和扁宽的触角很像是禾本科植物的叶片

· 生活在东南亚的叶螽 *Chorotypus* 是巧妙的枯叶拟态者，即使近在眼前也让人难以发现

· 东南亚的特有类群，叶蝗 *Trigonopteryx* 的翅往往有拟态叶片破损的缺口（李超摄于泰国南部）

· 生活在热带美洲的枯叶螽 *Typophyllum* 的前翅高度特化，有着模拟破损枯叶的边缘，是非常著名的一类拟态昆虫，也为我们展示了直翅目昆虫翅膀的可塑性（刘晔摄于秘鲁）

除去对植物叶片的拟态，生活在树干或树枝上的种类还可能有模拟树皮的特化，覆翅螽类的拟叶螽体色接近树干，并可能在翅及足有不规则的边缘，以便于模糊身体与紧贴着的树干的边界。在亚洲南部，棘卒螽属的物种在足及前胸背板上有着众多扩展成叶片状的棘刺，以模拟所栖息的附生着苔藓与地衣的树枝；其中几个种还有苔藓型及地衣型两个色型，以适应相应的栖息环境。

• 拟叶螽亚科翡螽族Phyllomimini的物种会压平宽阔的前翅覆盖住易于暴露的中后足，使得身体看起来更像是一片树叶（李超摄于泰国南部）

• 一些露螽的低龄若虫有明显的拟蚁性，或许能避免受到一些捕食者的侵扰

除对植物的拟态外，一些直翅目昆虫还可能拟态石块、砂砾甚至鸟粪等物体。蚱总科的成员常常有着凸凹不平的前胸背板，以将自身隐藏在所栖息的岩壁之上，同一种蚱可能有着非常丰富的色型，不规则的色型变化能让它们更加适应底色杂乱的生活环境。包括束颈蝗属及痂蝗属在内的一些荒漠蝗虫有着近似石砾的灰色体色，它们的若虫结构紧凑，非常像是一小块石头，让人难以发现。在热带美洲，露螽类的透翅螽属 *Aganacris* 及蜂螽属 *Scaphura* 等螽斯有明显的拟蜂现象，它们常有着黄黑相间的配色，粗角缩短且加粗；在行动时甚至会模拟蜂类颤抖的姿态，并半竖起翅膀，可谓惟妙惟肖。这样有趣的拟态现象在我国的直翅目昆虫中尚未发现，但我们身边依旧能发现一些若虫拟态蚂蚁的直翅目物种，尤其一些露螽的低龄若虫。更有趣的是，细颈螽属 *Leptoderes* 的物种在若虫期可能是树栖的缺翅虎甲的拟态者——这些甲虫能分泌难闻的味道，以抵御鸟类等捕食者的攻击。在中国西南地区有两种细颈螽，它们的若虫无论色彩还是形态都与缺翅虎甲近乎无异，同样地，它们在行为上也与所模拟的虎甲甚为相似，以至于不贴近观察，往往难以分辨；而这些螽斯的成虫又是精巧的拟叶昆虫，它们延长的头胸部宛如叶柄，前翅自基部向端部逐渐加宽，就像真实的树叶那样。

· 很多螽斯的低龄若虫有着鲜艳的配色，这或许是对小型蜻类的拟态，如图中的这只草螽属*Conocephalus*若虫（李超摄于泰国南部）

· 热带美洲的透翅螽*Aganacris*非常奇特，它们有着富有光泽的身体，短粗的触角及近透明的翅膀，拟态危险的蜂类，如泥蜂或蛛蜂，以达到自我保护的目的（刘晔摄于秘鲁）

• 滇南细颈
螽 *Leptoderes*
dianensis 的若
虫状如缺翅虎
甲 *Tricondyla*
（下图），能
分泌难闻气
味，它们头胸
部的结构尤其
相像（摄于云
南普洱）

除去以保护色及拟态隐藏自己，以蟋蟀类为代表的很多直翅目昆虫会隐藏在洞穴中生活——可能是石隙等天然环境，也可能是昆虫自身挖掘而成。以蝼蛄科 Gryllotalpidae 为代表的一些物种非常善于挖掘，它们的前足甚至特化成了如鼹鼠般的开掘足，以致其英文名称即为"mole cricket"。在直翅目中，不止蝼蛄，蟋蟀科的大蟋属、螽斯类的裂跗螽科及蝗亚目的筒螽科 Cylindrachetidae 均有自主挖掘深穴的习性，在一定程度上可称为地下昆虫的一员。

蟋螽科 Gryllacrididae 的物种在直翅目中独树一帜，它们是唯一的能吐丝营巢的直翅目昆虫。蟋螽有着独特的吐丝织巢的行为习性，它们能从口器中的丝腺吐丝用来制作叶巢。这些不会鸣叫的螽亚目成员用吐出的丝线将一片或数片树叶黏合起来，平时藏匿其中，待觅食的时候才出来活动。在对北京分布的素色杆蟋螽的观察中发现，当接触叶巢时，蟋螽还会在其中突然抖动，带动叶巢猛然晃动并发出沙沙声，以此惊吓潜在的敌害。多数情况下，成虫后的蟋螽会离开叶巢，去寻找配偶繁殖。

• 用丝粘住叶片做巢并藏匿其中的杆蟋螽 *Phryganogryllacris*，遇到惊扰时，它们会剧烈地抖动身体，发出声响

• 分布在亚洲南部的巨织螽*Arachnacris*是体型最大的螽斯之一，自若虫起，它们的前胸侧缘就具有醒目的尖锐棘刺，用于防御敌害（李超摄于泰国）

警戒与防御

仅有很少的直翅目昆虫有着明艳的警戒色，主要集中在能分泌有毒液体的锥头蝗科 Pyrgomorphidae，以红黄黑的典型警戒色的配色为主。这样的物种在中国仅有很少的代表种，如分布在云南、广西等地的黄星蝗。但仍有很多有着出色保护色的直翅目昆虫，后翅及腹部背侧色彩鲜艳，平时被前翅掩盖，在遇到敌害的惊扰后，它们会突然展开翅膀，露出色彩鲜艳的后翅及腹部，以恫吓敌害，这样的例子在拟叶螽亚科及蟋螽科中尤其普遍。一些螽斯还可能在遇到威胁时突然震动翅膀，通过发音器发出尖锐而急促的鸣声来惊吓敌害，虽然这往往只是雄性的防御手段，但在硕螽亚科的一些物种中，雌性同样能这样做，这类大型螽斯的雌性往往也能和雄性一样通过摩擦前翅发声。拟叶螽亚科的弧翅螽 *Hemigyrus* 的雌性还可以通过腹部和后翅摩擦发出显著的声响，同时伴有展开粗壮且多刺的后足的动作。

在一切的拟态和恐吓都未能骗过并阻碍捕食者的进攻时，直翅目昆虫还有下一步保护自己的妙计。多数蝗总科的物种都会在被捕捉后迅速吐出一些黑褐色、黏稠且有异味的液体，这些难闻的液体或许能降低一部分捕食者的食欲；锥头蝗科Pyrgomorphidae 的物种有时能从身体的关节处分泌毒液。而一些螽斯，尤其是拟叶螽亚科覆翅螽族的物种则能从前翅的基部分泌黄色的防御液，这些液体同样黏稠且异味明显。

• 强壮的棘草螽*Lesina*的前胸背板非常坚硬，并有着尖锐的棘刺以抵御敌害

除去分泌难闻的液体，螽亚目成员在受到攻击时，通过锋利的上颚啃咬的反抗力也不容小觑。大型螽斯能轻易地咬破人的手指，造成很大的创口。直翅目昆虫的强劲后足亦可作为防御的武器，一些物种在后足胫节的背侧布满硬且锋利的棘刺，用于踢击进犯者。在北方，棉蝗强劲的踢力是很多人深刻的童年记忆，以至于它们常常被冠以"蹬倒山"的俗名。

· 遇到惊扰时，这只蟋螽科的物种展开宽大且有斑纹的翅膀，撑起身体做出准备进攻的姿态，足以吓退一些来犯之敌（李超摄于泰国南部）

· 展开宽大后翅恐吓侵犯者的黄斑珊螽*Sanaa intermedia*

• 一些蝗虫，尤其是锥头蝗科Pyrgomorphidae的物种常常有着鲜艳的后翅和腹部色彩，以警示捕食者自己是有毒或难以下咽的（刘晔摄于马达加斯加）

• 鼓叶螽Tympanophyllum能展开后足并亮出腹部的明亮斑纹，用以吓退侵犯者

• 拟叶螽亚科的疹翅螽属 *Typhoptera* 物种在遇到惊扰时能从胸部翻出一个色彩醒目的腺体，同时在胸部分泌出黏稠且有异味的防御液，令捕食者难以下咽（李超摄于泰国南部）

• 拟态树干的腐叶螽 *Sathrophyllia* 在被抓获后也能从翅基部的腺体分泌出防御液，这些黏稠有异味的液体让捕食者感到厌恶

直翅目昆虫往往有着修长且发达的后足，在受到攻击时，后足也常常是捕食者最先攻击到的位置。很多直翅目昆虫都有自主切断后足来逃生的习性，这种弃卒保车式的防御看似痛苦但常常十分有效：当捕食者叼着猎物一条肥美的断足难以取舍之时，猎物已在这千钧一发之际逃之夭夭。经常抓蚂蚱的读者一定注意到，直翅目昆虫的后足并不是一碰即断的，一定要对后足股节造成压力，才能触发它们的断足机制；而如果只是捏住身体的其他部分甚至后足的胫节，它们也很难自断后足。儿时，有经验的小朋友在抓住蚂蚱后都是捏住它们的"小腿"以免自己的战利品因断足而成为"残品"。和后足一样易断的还有螽亚目昆虫的触角，但蝗亚目昆虫的触角则难以断落。前足和中足很少发生自断的情况，即使这些部位被紧紧捏住，也无法断开以逃生。断落的后足有一定的再生可能，但仅低龄若虫时断落，才有可能完全再生，而大龄若虫或成虫阶段发生断足，则没有重生的机会。

・断掉一侧后足的蝗虫，这能让它们有机会死里逃生

• 发音往往是短翅型螽斯保留翅的主要意义。它们即使放弃了飞行，也不会在演化中"放弃"发音这一重要的求偶手段

交流及鸣声

同种的直翅目昆虫间有互相交流的行为，除了通过信息素进行识别交流外，还常体现在身体的碰触和鸣声上。当同类的直翅目昆虫互相靠近时，触角的碰触可能变得频繁，触角上诸多的感受器可以让它们互相识别——一些物种的雄性会相互地排斥并攻击对方。对于很多直翅目昆虫而言，鸣声是非常重要的交流方式。不少直翅目昆虫的成虫具有发音能力。一些蝗虫会依靠后足与翅上的发音齿的摩擦发声，或依靠前后翅、前翅间的摩擦发声。部分痂蝗类蝗虫的雄性会在领地上方来回飞行并拍打翅膀发出声音，以此驱赶同性并吸引配偶。螽斯类则多依靠前翅的特殊结构摩擦发声，它们往往依靠左右翅摩擦发声。部分螽斯及蟋蟀的雄性之间具合唱（chorusing）习性，以更高效地吸引配偶。此外，蝼蛄科及一些蟋蟀科的地栖物种，会挖掘特殊形状的洞穴以起到扩音喇叭的作用；树蟋属 *Oecanthus* 种类会在叶片上咬出孔洞，自身在叶背面鸣叫，使声音通过这个叶片"喇叭"扩大发散出去。在蟋蟀科中，雄性间的肢体搏斗也不少见，它们可使用发达的上颚互相攻击以占据领地。如驼螽科 Rhaphidophoridae 这样没有发音器的螽斯类物种还可能通过振动身体等方式发声吸引配偶。螽斯类的发音通常局限在雄性之中，但硕螽亚科 Bradyporinae 的物种雌性亦有能摩擦发音的前翅，拟叶螽亚科的一些雌性也能以腹部摩擦翅膀发声，但这样的发声行为往往是为了恐吓敌害。

• 丽树蟋Xabea
levissima在树叶
破洞处鸣叫，
以便于让声音
更好地扩散

　　无论蝗亚目还是螽亚目，发音多为摩擦式发音。蝗虫类的
发音结构特化往往较为简单，而螽亚目昆虫则在前翅上存有高度
特化的发音结构，甚至在螽斯科中，左右翅分化出了迥异的构造，
以发出更复杂的鸣音。在螽斯科中，左前翅 Cu2 脉的腹面整体
即为音锉（stridulatory file），有很多特化的呈纵列排成的小齿所组
成，这些小齿被称为音齿（stridulatory teeth）。刮器（scraper）的结
构较简单，由右翅基部后缘稍加厚而形成。在 Cu2 脉的后方，
有一些不具细脉的区域，即为镜膜（mirror）。右翅的镜膜一般为
大、薄、近透明的几丁质区域，在摩擦声的传播中起重要的作用。

　　无论螽斯还是蟋蟀，在发声时，主要是左右前翅快速运动
并摩擦发声。鸣声由音锉及刮器摩擦产生，再由右翅透明的镜膜
充作一个共鸣器将声音放大释放出去。前复翅的构造、形状与结
构与发出的声音密切相关，因而这些结构的差异可用于物种的鉴
别。声音的节奏模式、频率和强度都具有种类特异性，一些物种

• 雏蝗*Megaulacobothrus* sp.以后足摩擦前翅发音，它们的前翅翅脉发生特化，形成独特的发音器官，就像它们的近亲螽亚目那样

发出的声音频率很高，我们不能直接听到。

在螽斯科昆虫中，前翅张开、闭合发声，可分为不同的类型。在一些种类，当前翅张开时不发声，只有当前翅闭合时才发出声响，前翅开闭一次，产生一个脉冲；前翅的音齿并非均匀参与发声，通常仅有 70% 左右的音齿参与。在另外一些种类中，前翅张开时也会产生脉冲，但其振幅很小，与前翅闭合时产生的鸣声脉冲相比有时可以忽略。刮器刮切音齿，引起两种相对运动。这两种运动，可以产生反相振动。只是在进化过程中，昆虫形成了将刮器和音锉的反相振动转换成两复翅某些部位的同相振动的机制，在这个转相过程中，刮器行使了转相器的作用，使两前翅同相振动。即当两前翅闭合时，刮器开始依次刮切音齿，当每次刮器刮切音齿时，左前翅音锉向上弯，右前翅刮器向下弯，从而使同一翅的镜膜向上弯，使两前翅发生同相振动。当刮器弯曲到一定程度时，刮器便与音齿分开，除去左前翅向上的力，同时刮器移开或反转，

使下翅向上的力也被反转随后，刮器迅速弹回，同下一个音齿摩擦，重复上述过程。这样使刮器的小幅的振动激发了共鸣器大幅度的振动。

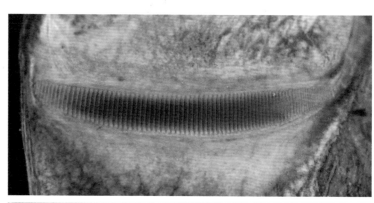

· 螽斯类的发音器结构，左翅（上）具发音齿，右翅（下）具刮器及扩音的镜膜结构

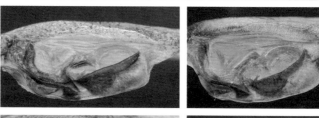

· 同一属内，不同的物种往往有着明显不同的发音器官，它们以此产生不同鸣声来吸引配偶

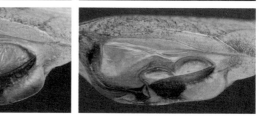

• 交配中的掩耳螽*Elimaea*，可见到雄性腹端的复杂结构用于卡住雌性的身体

交配

　　和几乎所有昆虫一样，直翅目昆虫也需要通过交配来完成对卵的受精。在雄性将雌性吸引到身旁后，雄性便会试图用外生殖器与雌性的外生殖器接触。对于蝗虫类而言，雄性蝗虫会抱握在雌性的背部，向下弯曲腹部来完成交配；而螽斯类昆虫的交配行为则可能复杂得多。很多蟋蟀、螽斯会在雌性靠近后继续鸣叫，并展露位于胸背侧的特殊腺体；靠近的雌性会去舔舐腺体位置所产生的分泌物，而在此时，雄性便会伸展腹部，从雌性腹部的下

• 交配中的乌蜢*Erianthus*，两性有着夸张的体色差异

方探寻并接触雌性的外生殖器；在这样的交配行为中，雌性位于雄性的上方，这在昆虫中并不常见。在交配后，螽斯类昆虫的雄性往往会在雌性腹部末端留下一块黏稠的乳白色物体，被称为精包。精包中包含了待输入雌性体内的精液及一些附属物质：精液（sperm）被精荚（ampulla）包裹，而精荚外侧则有一圈厚厚的精护（spermatophylax），精护结构厚实，富含蛋白质。当完成交配后，雌性会弯曲腹部取食精包，在这时精护便为内部的精子提供保护，以获得足够的时间完成精子输送。这样独特的行为显然是两性竞争的结果，只有能生产出足够厚度的精护的健壮雄性才能获得更多的受精时间，而体弱的雄性个体的精子则可能在完全输送至雌性体内前，就被吃掉了。

· 露螽类交配后，雄性留在雌性腹部末端的精包。接下来，雌性将会弯曲腹部，将其逐渐吃掉（李超摄于泰国南部）

• 交配过程中
的一种糜螽，
可以看到雄性
接触雌性的过
程，最终雌性
会吃掉精包

产卵

　　直翅目昆虫以卵繁殖。其中，蝗虫类常常会通过腹部挖掘土地，将卵产入地下；它们的卵通常群产成块状，并被泡沫质的卵袋包裹。雌性蝗虫以腹部末端坚硬的产卵瓣挖掘土壤，并伴随着腹部的拉伸，各节腹板间的节间膜充分伸展，使得腹部长度达到常态长度的数倍，以便将卵产入地表下的更深处。少数蝗虫可能有较为特化的产卵习性，例如在海南，海南等跰蝗 *Xenacanthippus hainanensis* 被观测到在草本植物的茎秆之中产卵。

• 产卵中的蝗虫，它们用产卵器挖掘土壤，并伴随着腹部的逐渐拉伸，直至将卵产在一定的土壤深度之中

• 用刀状产卵器在土壤中产卵的裹螽 *Atlanticus*

• 切割树枝
产卵的黄斑
珊螽 *Sanaa
intermedia*

　　与蝗虫类不同，螽亚目的物种通常通过特化的针状或剑状
的产卵瓣来将卵产入介质的深处，而非通过腹部的延伸。螽亚目
昆虫的雌性常常有着发达且延长的卵瓣，通过内外产卵瓣的交错
运动，雌性能将其刺入坚固的介质，并将卵分散地产入其中。螽
亚目昆虫的产卵介质非常多样，以蝈螽属、油葫芦属为代表的地
栖物种会在土壤中产卵，而树栖类群则倾向在形形色色的植物组
织中产卵。值得一提的是，螽斯科的很多露螽有特化的产卵行为，
它们能通过结构精巧的产卵瓣将卵产进树叶的上下表皮之间。能
分割如此薄的结构，实在是令人惊叹。除去上述的刺入式产卵，
一些产卵器高度退化的类群可能会将卵直接产在介质表面，例如
蝼蛄科昆虫将卵直接产在它们挖掘的洞穴内的土面上，并对卵有
一定的照顾行为。

• 产在禾本科植物叶片组织间的露螽卵粒。螽斯科露螽亚科Phaneropterinae的一些物种雌性的产卵瓣短小且强烈弯曲，它们能用这样精致的切割工具分割开很薄的介质——例如植物的叶片，并能把卵产在叶片的上下表皮之间。在文献记载中，一些物种甚至能将纸张分割（严莹摄于广东深圳）

　　对于热带及亚热带地区而言，直翅目昆虫的卵在 30 ～ 40 天即能孵化，但在温带地区，有时卵会有很长时间的滞育，以度过寒冬。在有明显冬季的地区，绝大多数直翅目昆虫都以卵的形式越冬，待到第二年回暖时才开始发育并孵化出小若虫，但依然有少数物种可能以成虫的形态度过冬季，即使在寒冷且长时间覆雪的地区。在北京，短角异斑腿蝗在秋季成虫并准备越冬，它们会在草丛深处躲避，待 3 月左右天气稍暖即可开始活动繁殖；江浙地区可见到一些草螽亚科的成虫躲进禾本科植物——往往是竹子或较粗的芦苇——的茎秆中越冬；而在室内及温度较为恒定的洞穴之中，一年四季都能见到驼螽科的灶马，它们即使在高纬度地区，也全年可见成虫。

• 短角异斑腿蝗 *Xenocatantops brachycerus* 是北方最容易见到的成虫越冬的直翅目昆虫，即使在 1 月，阳光较好的时候也可能见到它们在晒太阳

敌害

　　和大多数昆虫一样，直翅目昆虫位于食物链的底层，可能成为各色鸟类及小哺乳类、爬行类、两栖类食虫动物的主要食物；除此之外，它们还可能受到多类无脊椎动物的威胁。

　　胡蜂、螳螂、蜻蜓、步甲等捕食性昆虫及蜘蛛，甚至捕食性的螽斯也可能捕食直翅目的成虫或若虫，一些物种甚至可能同类相食。很多直翅目昆虫的卵会受到小蜂总科及细蜂总科昆虫的寄生，尤以寄生蝗卵的黑卵蜂属 *Scelio* 最为著名。鞘翅目芫菁科 Meloidae 的斑芫菁属 *Mylabris* 及豆芫菁属 *Epicauta* 昆虫的幼虫会主动寻找并取食蝗虫卵块，郭公虫科 Cleridae 部分种类也有取食蝗卵的记载，双翅目蜂虻科 Bombyliidae 部分种类会寄生蝗卵并颇为普遍。为了及时找到寄主，一些卵寄生性的蜂类能通过鸣声找到发音的雄性螽斯，并在它们交配时转移到雌性螽斯的体表，之后等待雌性螽斯产卵时寄生螽卵；这样的例子在一些露螽科中已有记录。除去专性的卵寄生敌害，直翅目昆虫的卵也会受到蚂蚁、线虫和螨类的破坏，文献中有记载鞘翅目的皮金龟科

• 螳螂捕食蝗虫

Trogidae、叩甲科 Elateridae、步甲科 Carabidae 等昆虫可偶然或主动地破坏蝗卵。一些鸟类也会挖掘取食蝗卵，露螽类的卵常常产在叶片之上，可能遭受到鸟类的取食及其他昆虫的直接啃咬。

• 躲藏在雄性似褶缘螽*Paraxantia*翅下的卵寄生性的小蜂

• 寄蝇科物种常常会寄生蝗虫螽斯等直翅目昆虫

在直翅目昆虫孵化之后，它们若虫的生活往往也难以一帆风顺。双翅目寄蝇科 Tachinidae 的一些物种会将卵产于直翅目若虫或成虫的体表，孵化后的幼虫即会从寄主身体的薄弱处钻入体内寄生；一些寄蝇甚至可攻击飞行中的蝗虫成虫，直接在其体表产卵。寄蝇的幼虫会在直翅目昆虫体内取食组织，并在成熟后咬破寄主体壁钻出；这些寄生行为常常会造成寄主的死亡，因而对蝗害有一定的防治意义。膜翅目泥蜂科 Sphecidae 的部分种类，如泥蜂属 *Sphex*，有专性捕食螽斯科等直翅目昆虫的习性。它们四处寻找螽斯，并用螯针将猎物麻痹，拖拽螽斯的触角并将其带入洞穴，之后将卵产在猎物体表，孵化后的幼虫即以这些直翅目昆虫的身体为食。著名的寄生性昆虫类群、捻翅目的一些种类专性地寄生蚤蝼科昆虫，也有一些宿主广泛的捻翅虫可能出现在螽斯及蟋蟀若虫的身体上。

• 寄生性螨虫的寄生现象也很常见，这只露螽若虫恐怕难以继续生活下去

• 泥蜂*Sphex* sp.（膜翅目泥蜂科）捕猎露螽成虫并拖拽至巢穴，用于饲育后代

• 铁线虫寄生常
见于水边生活的
直翅目昆虫体
内，在潮湿环境
生活的食腐直翅
目中也较为普遍

更常见且易观察到的是一些螨虫对直翅目昆虫的寄生。诸如红蝗螨 *Eutrombidium* 等寄生性螨虫常会寄生在直翅目昆虫的体表，这些微小的红色螨虫通常吸附在寄主节间膜及翅脉等表皮较薄的身体位置，严重时亦可能会影响寄主的行动及健康甚至造成死亡。部分线虫类寄生虫内寄生于直翅目昆虫体内并可能产生生殖阉割（parasitic castration）现象；部分铁线虫也会寄生直翅目昆虫，并在发育成熟后从寄主体内钻出——这往往会造成寄主的死亡，在腐食性的螽斯中尤其常见。一些铁线虫可能会诱导寄主跳入水中，以便于其能进入水体环境产卵完成世代；而另一些种则可能直接在潮湿环境中活动繁殖。除去这些无脊椎动物对直翅目昆虫的影响，虫霉目真菌也可能会侵染直翅目昆虫的成虫及若虫，这在蝗科中尤其普遍。受到真菌寄生的蝗虫往往会在临死前攀附到草本植物的顶端，以利于真菌散发并扩散孢子。这些致死的真菌疾病被形象地称为"抱草瘟"，发病严重时，常可见到一片草地上密布着枯死的蝗虫。另外，还有一些原生动物亦可危害直翅目昆虫，造成各式各样的疾病或死亡。

·蝗虫的
"抱草瘟"
是最常见的
真菌寄生现
象，感染后
的蝗虫会在
草尖处死亡
干枯

• 暹罗糙卒螽 *Trachyzulpha siamica* Gorochov, 2014（郑昱辰摄于云南绿春）

5

中国直翅目
主要类群
及
常见代表种
简介

现生直翅目昆虫广泛地分布在除南极洲以外的世界各地。直翅目昆虫形态多样，被划分为蝗亚目及螽亚目两个主要分支，包含约29000种。绝大多数情况下，我们可依据触角是否显著长于身体来对二者进行简单划分：螽亚目物种触角丝状并显著长于身体，因而也被称为长角亚目；蝗亚目物种触角粗壮且显著短于身体，因而也被称为短角亚目。这两个亚目均在中国各地常见，其中不乏能在城市中生存的物种。

蝗亚目 Caelifera

按照最新的分类系统，蝗亚目包含了蚱总科 Tetrigoidea、蝗总科 Acridoidea、蜢总科 Eumastacoidea、大腹蝗总科 Pneumoroidea、蟋蝗总科 Proscopioidea、锥头蝗总科 Pyrgomorphoidea、长角蝗总科 Tanaoceroidea、叶蝗总科 Trigonopterygoidea 及蚤蝼总科 Tridactyloidea。其中，蚱总科、蝗总科、蜢总科、瘤锥蝗总科及蚤蝼总科的物种在中国境内有分布记录。长角蝗总科的物种触角长于体长并呈丝状，这在蝗亚目中是一个特例。

· 蚤蝼科 Tridactylidae Brullé, 1835

蚤蝼科所在的蚤蝼总科包含了筒蝼科 Cylindrachetidae、靓蝼科 Ripipterygidae、蚤蝼科 Tridactylidae 等 3 个科，其中仅蚤蝼科记录于中国，见于各地潮湿环境。

· 日本蚤蝼
Xya japonica (De Haan, 1842)
微小型的直翅目昆虫，身体结构非常紧凑。体黑褐色，有光泽；后足股节显著膨大，侧扁；短翅或后翅发达。常栖息于水边的泥泞环境中，极善跳跃

· 蚱科 Tetrigidae Rambur, 1838

蚱科为蚱总科的唯一一个科，包含至少7个亚科。这类小型蝗虫体形通常稍扁，背侧观近菱形，因而又被称为"菱蝗"。蚱总科物种的前胸背板显著扩展并向后延长，往往盖住整个腹部。与其他直翅目昆虫不同的是，蚱类的前翅退化成微小的鳞片状，即使它们的后翅依然发达并足以支持飞行。蚱总科缺乏发音器及听器，跗节2-2-3式。通常生活在水边，滴水崖壁等潮湿环境，以便于取食藻类、苔藓等低等植物。

• 日本蚱 *Tetrix japonica* (Bolivar, 1887)
小型直翅目昆虫，体褐色或具斑，体态稍扁。前胸背板背侧观近菱形，向后延伸并稍及腹部末端。前翅鳞片状，后翅退化或短小。后足发达，善跳跃。多见于林下或农田的潮湿环境中

• 优角蚱 *Eucriotettix* sp.
小型直翅目昆虫。前胸背板向后侧显著延长，远超过腹部末端；胸部两侧具尖锐的刺突。前翅鳞片状，后翅发达，长于腹部，但隐藏在前胸背板之下。善跳跃并可短距离飞行。见于华东华南多地，喜在溪流边及潮湿的崖壁上活动

• 海南佯鳄蚱 *Paragavialium hainanensis* (Zheng et Liang, 1985)

小型直翅目昆虫。前胸背板向后侧显著延长，远超过腹部末端；前胸背板具凹坑及瘤状凸起，各足股节具粗且钝的齿突。见于海南低海拔的溪流环境，喜栖息于溪流附近生有苔藓的石块之上

• 越南三棱角蚱 *Tripetaloceroides tonkinensis* (Günther, 1938)

小型直翅目昆虫，触角各节扁宽并呈三棱状。前胸背板发达，背侧具瘤状凸起并具大的刻点。各足股节具齿状扩展。翅退化。见于云南、广西的森林环境

• 钩角股沟蚱 *Saussurella decurva* Brunner von Wattenwyl, 1893

体态独特的小型直翅目昆虫。体褐色具蓝灰色斑。前胸背板前缘具向前的角状延伸，向后亦显著延伸并超过腹部。前翅卵圆形，黑色，具明亮的橙色边缘。见于云南南部的森林环境

• 梅卵节蚱 *Phaesticus mellerborgi* (Stål, 1855)
小型、体态紧凑的蚱。触角特征鲜明，细长，且末端几节显著扁平扩展成片
状，顶端一节尖细且白色。卵节蚱属的触角形态在蚱科中较为少见。这个种广
泛分布于云南南部至中南半岛北部，栖息于中低海拔雨林环境

· 脊蜢科 Chorotypidae Stål, 1873

蜢总科包含了脊蜢科 Chorotypidae、枕蜢科 Episactidae、蜢
科 Eumastacidae、优蜢科 Euschmidtiidae、玛蜢科 Mastacideidae、
漠蜢科 Morabidae 及非洲蜢科 Thericleidae 等 7 个科，其中脊蜢科、
枕蜢科及蜢科记录于中国。蜢总科成员触角甚短，通常短于头长，

• 多恩乌蜢 *Erianthus dohrni* Bolivar, 1914
体色鲜艳的中小型蝗虫。体黄绿色，具黑色斑纹；腹基部具亮蓝色斑块。前翅
窄长，翅室较大，黑褐色，近端部具透明斑块。头顶近锥状，复眼较大，隆
起。雄性腹部末端膨大。见于云南、广西等地的低海拔林地

• 摹螳秦蜢 *China mantispoides* (Walker, 1870) （胡佳耀摄）

中小型蝗虫。雄性黄褐色，雌性褐色。具不规则深色斑。前翅窄长，翅室大而
规则，具透明窗斑。雄性腹部末端膨大不明显。见于东部地区各地林缘

因而又被称为"短角蝗"；触角顶部具端器。蜢总科物种形态多
样，但通常具有下宽上窄的近水滴形的锥状面部，并在腹基部缺
乏听器。

· 枕蜢科 Episactidae Burr, 1899

近似脊蜢科，但后足跗节第一节上侧具齿，通常完全无翅。

• 苏州比蜢 *Pielomastax soochowensis* Chang, 1937 （胡佳耀摄）

小型蝗虫。体态细长。体黄褐色，背侧颜色稍深，沿体侧具一条褐色纵带。两
性完全无翅，雄性腹部末端膨胀。比蜢属包含较多近似种，广泛见于华中、华
东及华南地区

· 蝗科 Acrididae MacLeay, 1821

　　蝗总科包含了蝗科 Acrididae、瘤蝗科 Dericorythidae、癞蝗科 Pamphagidae、沙蝗科 Lathiceridae、小蛹蝗科 Lentulidae、砾蝗科 Lithidiidae、奥蝗科 Ommexechidae、南非蝗科 Pamphagodidae、岛屿蝗科 Pyrgacrididae、艳蝗科 Romaleidae、安第斯蝗科 Tristiridae 等 11 个科，但仅前 3 个科记录于中国。蝗总科是蝗亚目中多样性最高的家族，其中不乏一些著名的，曾对人类文明产生严重影响的成灾物种。蝗总科物种体态多样，通常身体近筒形或侧扁；触角较短但长于头长，端部通常无端器；翅形多样，一些物种具发音结构；腹基部两侧往往具有听器。在中国，蝗科物种遍布全国，即使在城市绿地中也不难见到它们。

• 东亚飞蝗 *Locusta migratoria manilensis* (Meyen, 1835)
大型蝗虫。体绿色或黄褐色，面部具蓝色斑。前胸背板中隆线隆起，后缘向后延伸呈尖角状。翅发达超过腹端，褐色，具深色斑块。后足股节内侧具黑斑。见于各地农田及草地环境。群居型个体具迁飞性

• 驼背蝗 *Pyrgodera armata* Fischer von Waldheim, 1846　　　　　（王瑞摄）

黄褐色的中大型蝗虫。前胸背板背侧具半圆形的帆状扩展而易于识别。前翅具3段深色斑，后翅红褐色。国内仅见于新疆地区，栖息于荒草地环境

• 云斑车蝗 *Gastrimargus marmoratus* (Thunberg, 1815)

中大型、强壮的蝗虫。通常黄褐色，具大量不规则的深色斑纹。前胸背板中隆线显著隆起，侧面观弧形。两性长翅，后翅米黄色、具黑色条带。见于东部多省，栖息于农田及草地环境，具一定迁飞性

• 花胫绿纹蝗 *Aiolopus thalassinus tamulus* (Fabricius, 1798)

稍显瘦长的中小型蝗虫，额部稍隆起。黄褐色，体侧常具有绿色或黄绿色的纵向条纹。两性长翅，超过腹端。见于东部地区，可适应城市环境并具有一定的迁飞性

• 亚洲小车蝗 *Oedaleus asiaticus* Bei-Bienko, 1941
黄褐色并常带有绿色斑的中小型蝗虫。体态匀称,常具深色不规则斑块,尤其在前翅之上。两性长翅,后翅米黄色、具黑色条带。后足胫节红褐色。见于东部地区多种环境,有一定的迁飞习性

• 黄胫小车蝗 *Oedaleus infernalis* Saussure, 1884
黄褐色的中小型蝗虫。体态匀称,常具深色不规则斑块,尤其在前翅之上。两性长翅,后翅米黄色、具黑色条带。后足胫节红褐色。见于东部地区多种环境,有一定的迁飞习性

• 轮纹异痂蝗 *Bryodemella tuberculatum dilutum* (Stoll, 1813)
黄褐色的中型蝗虫。体态粗壮。前胸背板背侧平坦。前翅具密集的深色不规则斑块;后翅宽大,中域具黑斑,臀域基半部玫红色,径脉粗壮,飞行时可发出声响。见于北方地区的荒草地环境

- 蒙古束颈蝗 *Sphingonotus mongolicus* Saussure, 1888

灰褐色的中小型蝗虫。前胸背板背侧平坦，横沟附近缢缩。两性长翅，前翅超过腹端，具深色暗纹；后翅蓝色，具宽大的黑色条带。见于北方多省，喜栖息于河滩及空旷的荒草地环境

- 疣蝗 *Trilophidia annulata* (Thunberg, 1815)

灰褐色的中小型蝗虫。前胸背板背侧具疣突。后足股节内侧浅色，具黑褐色条纹。两性长翅，后翅米黄色，边缘具黑带。见于东部各省的多种环境

- 凸额蝗 *Traulia* sp.

黄褐色的中型蝗虫。额部隆起，凸出；触角较长，顶端浅色。体侧多黑褐色。两性翅发达，但通常不超过腹端；后翅无色。见于华南及西南各地的林下环境

• 点背版纳蝗 *Bannacris punctonotus* Zheng, 1980

体色鲜明的中小型蝗虫。通体黑色富有光泽，具贯穿头尾的黄色纵纹；触角较长，但短于体长，端部浅色。体侧具黄色大斑，后足股节黄黑相间。见于云南南部中低海拔的林下环境

• 黄脊蝗 *Patanga* sp.

大型蝗虫。黄褐色，通体具深褐色及黄白色斑纹，面部具纵向条纹。后足股节黄褐色，被一条黑色纵纹贯穿。两性均长翅，前翅多斑，后翅无色。见于西南地区的林缘环境

• 长翅素木蝗 *Shirakiacris shirakii* (Bolívar, 1914)

黄褐色的中小型蝗虫。复眼较大，具纵条纹。前胸背板侧隆线具浅色纹。后足胫节红褐色。两性翅发达，超过腹端，具小而分散的深色斑。见于东部各省的林缘环境

• 短角异斑腿蝗 *Xenocatantops brachycerus* (Willemse, 1932)

黄褐色的中小型蝗虫。体态紧凑。触角褐色，中后胸侧面具浅色斜纹。后足具黑斑，内侧下半部及胫节红色。两性翅发达，稍超过腹端，无斑纹。见于东部各省的多种环境，成虫越冬

• 红褐斑腿蝗 *Diabolocatantops pinguis* (Stål, 1861)

灰褐色的中小型蝗虫。体态紧凑。触角红褐色，中后胸侧面具白色斜纹。后足红褐色，具黑斑。两性翅发达，稍超过腹端，无斑纹。见于东部各省的多种环境，常成虫越冬

• 长翅幽蝗 *Ognevia longipennis* (Shiraki, 1910)

中型蝗虫。体黄绿色，头后至前胸两侧具窄的黑色条纹，前胸背板各沟显著。两性长翅，黄褐色，无斑纹。常见于北方林地环境

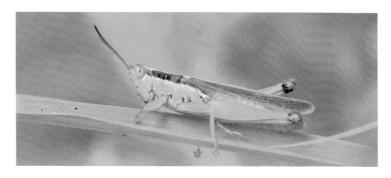

• 中华稻蝗 *Oxya chinensis* (Thunberg, 1815)

中型蝗虫。体淡绿色，头后至前、中胸两侧具较宽的黑色条纹，前胸背板各沟较浅。两性长翅，褐色，无斑纹。常见于东部地区的草地环境

• 短星翅蝗 *Calliptamus abbreviatus* Ikonnikov, 1913

褐色的中小型蝗虫。复眼甚大。背侧具浅色纵纹。后足股节膨胀，胫节红褐色。两性短翅，具不规则深色斑点。雄性尾须发达，呈抱握器状。见于北方各省，喜林缘环境

• 棉蝗 *Chondracris rosea* (De Geer, 1773)

大型蝗虫。体黄绿色，面部及胸侧具黄白色条纹。体态强壮。后足胫节红褐色，背侧具黄白色的短刺。翅发达超过腹端，后翅基部玫红色。见于各省的农田及林缘环境

• 卵翅蝗 *Caryanda sp.*

中小型的杂色蝗虫。身体多为黄绿色，体侧具宽大的黑色纵纹及黄白色斑。足常具黄红色区域，体色明亮。成虫短翅，前翅卵圆形，紧贴身体。多见于西南地区的低海拔林地

• 中华剑角蝗 *Acrida cinerea* (Thunberg, 1815)

大型蝗虫。体绿色或黄褐色，或具深色条纹。头部锥状，触角扁宽呈剑状。各足黄褐色，后足修长。前翅超过腹端，顶端尖锐；后翅米黄色。腹部背侧紫黑色。见于东部各省，栖息于农田及草地环境

• 二色蔓蝗 *Gonista bicolor* (De Haan, 1842)　　　　　　　　　　　（涂粤峥摄）

体态修长的中型蝗虫。通体绿色，背侧具贯穿头尾的褐色纵纹。头部锥状，触角基半部扁宽，向端部逐渐变窄。体侧无显著斑纹，后翅无色透明。见于华北各地，喜栖息于平原湿地的芦苇丛环境

• 卡蝗 *Carsula* sp.

细长的中小型蝗虫。后部延伸呈锥状，复眼隆起，触角基部扁宽。体侧黄褐色，具黑色纵纹；背侧褐色。两性均短翅。腹部细长，肛上板延伸。见于云南南部

• 短翅佛蝗 *Phlaeoba angustidorsis* Bolivar, 1902　　　　　　　　　　（王志良摄）

褐色的中小型蝗虫。背侧浅黄褐色。触角稍扁，顶端白色。各足颜色稍浅，后足股节红褐色。见于东部各省的林下环境

• 侧翅雏蝗 *Megaulacobothrus latipennis* (Bolivar, 1898)

黑褐色的中小型蝗虫。雄性前翅前缘域特化，弧形，翅室较大并具发音齿。后足端部及腹部橘红色。见于北方各省的农田及草地环境

• 青脊竹蝗 *Ceracris nigricornis* Walker, 1870 　　　　　　　　　　　　　（王志良摄）

中型蝗虫。体黄绿色，在头及前胸侧面具宽的黑色条纹。前翅黑褐色，仅背侧绿色。后足发达，红褐色，膝部黑色。喜在竹林环境栖息，多活动于林下灌丛，有时群聚。见于东部各省

• 瘤蝗科 Dericorythidae Jacobson & Bianchi, 1905

近似蝗科，但前胸背板在中隆线之前显著隆起，在中国仅见于新疆地区。

• 红翅瘤蝗 *Dericorys annulata* (Fieber, 1853) 　　　　　　　　　　（王志良摄）

瘦长的中型蝗虫。体褐色具不规则的深色斑点，复眼具纵条纹。前胸背板沟前区背侧具一高耸的瘤状凸起。国内仅见于新疆地区，喜在灌丛中栖息

· 癞蝗科 Pamphagidae Burmeister, 1840

近似蝗科，但头部前端背侧具纵沟，腹部背板位置常具摩擦板。国内通常见于北方地区，往往短翅或无翅。

• 笨蝗 *Haplotropis brunneriana* Saussure, 1888
黄褐色且粗壮的大型蝗虫。头圆且较大，前胸背板中隆线显著隆起呈脊状，向后具尖角状延伸。两性翅均缩短，近鳞片状，紧贴体侧。笨蝗行动迟缓，常栖息于布满石块的荒草地或灌丛环境，在北方多省常见

· 锥头蝗科 Pyrgomorphidae Brunner von Wattenwyl, 1874

锥头蝗总科下的唯一一个科。头部常常锥形，头顶具纵沟；雄性阳茎具附片。锥头蝗科在中国分布广泛但多样性较低，除负蝗属在各地极为常见外，多数属记录于北方及西南地区。

• 黄星蝗 *Aularches miliaris* (Linnaeus, 1758)　　　　　　　　（张晖宏摄）
色彩独特的中大型蝗虫。头顶略突出，前胸背板背侧具显著的瘤状凸起。成虫整体身体黄黑配色并具一定光泽，前翅具密集的黄色点状斑块。见于华南、西南地区

• 短额负蝗 *Atractomorpha sinensis* Bolivar, 1905
各地常见的中小型蝗虫。体绿色或褐色，通常无显著斑纹。头顶延长锥状，触角不呈扁宽的剑状，可与形态近似的剑角蝗属物种区分。两性翅发达，翅端尖锐；后翅具玫红色。尽管短额负蝗分布广泛且易见，但在不同地区可能有同属的不同近似种混生，需注意区分

• 橄蝗 *Tagasta* sp.
体态紧凑且短胖的中小型蝗虫。头锥状，触角蓝灰色。身体绿色，在头至前胸侧缘具白色纵纹，前翅基部具一小黑斑。翅常常短于腹部，后翅粉红色。见于华南、西南各地

螽亚目 Ensifera

按照最新分类系统，包含了形形色色螽斯、蟋蟀的螽亚目包含了 7 个现生总科，在中国境内均有分布记录。螽斯科为其中多样性最高的类群，一些物种非常常见，即使在城市绿地中也能维系种群，而驼螽科及一些蟋蟀科物种因其能高度适应伴人生活，而在城市甚至室内环境中常见。

· 裂跗螽科 Schizodactylidae Blanchard, 1845

裂跗螽总科 Schizodactyloidea 下的唯一一个科，极具特色的原始类群，分布在亚非地区，化石记录则更为广泛。裂跗螽的各足跗节具宽大的裂片以适应挖掘沙地的生活。雄性无发音器；雌性产卵器退化，仅剩痕迹。在长翅类群中，前后翅以近乎弹簧的形式卷曲收展，在整个昆虫纲中独树一帜。

· 寂寞裂跗螽 *Schizodactylus jimo* He, 2021
中国记录的唯一一种裂跗螽。穴居，但在夜晚会外出觅食；捕食性种类。成虫翅宽大善飞，实际观察时可见连续飞跃近1千米的距离不做停歇。见于怒江沿岸的河滩沙地环境

· 鸣螽科 Prophalangopsidae Kirby, 1906

尽管哈格鸣螽总科 Hagloidea 包含了 6 个科，但鸣螽科是其中唯一一个拥有现生种的科，这个总科是个在中生代兴盛的类群。现生的鸣螽科物种记录于亚洲及北美洲，为原始的孑遗类群。雄性前翅具简单的发音器，左右翅无明显分化；雌性产卵器缺失。在中国，鸣螽科物种自秦岭起向西南分布，包含 3 个属。

• 原鸣螽 *Prophalangopsis obscura* (Walker, 1869)
大型鸣螽。前胸背板向后显著扩展，后缘近扇形，整体褐色，头胸部具浅绿色纹路。雌性相对易见，但雄性行踪隐秘难以发现。具趋光性，见于云南西北部及西藏东南部

• 四川亚鸣螽 *Aboilomimus sichuanensis* Gorochov, 2001
中大型鸣螽。翅较短，稍超过腹端。前翅展开后非常宽阔，雄性具宽大的发音区域；翅浅褐色具不规则的深色斑块。见于四川西部至贵州北部

· 驼螽科 Rhaphidophoridae Walker, 1869

　　驼螽总科 Rhaphidophoroidea 下的唯一一个科。驼螽科物种体态独特，侧面观身体近弓形，侧扁，宛如驼背，故而得名。所有物种均无翅。各足通常较长，前足胫节缺听器，跗节缺跗垫。驼螽科尾须柔软且多毛，雌性具弯刀形产卵器。这是一个腐食性类群，一些物种极为适应洞穴等湿暗环境，甚至特化出无眼的真洞穴物种。部分种为伴人物种，可在室内环境生活。

· 突灶螽 *Diestramima* sp.
中型驼螽。黄褐色至褐色，无显著的斑点。各足及触角细长，后足尤甚。侧面观背侧隆起。腹部末端背侧具明显突起。见于各地林缘环境

· 疾灶螽 *Tachycines* sp.
中小型驼螽。黄褐色，具深色不规则斑点。各足及触角细长，后足尤甚。侧面观背侧隆起。可适应室内环境，见于全国各地

· 蟋螽科 Gryllacrididae Blanchard, 1845

　　蟋螽科所在的沙螽总科 Stenopelmatoidea 包含了丑螽科 Anostostomatidae、怪螽科 Cooloolidae、蟋螽科 Gryllacrididae、沙螽科 Stenopelmatidae 等 4 个科。其中，丑螽科及蟋螽科记录于中国。蟋螽科在全国各地较为易见。蟋螽科通常头部较大，触角极长，前胸背板前部不加宽，前足缺听器，雄性前翅无发音器，雌性具弯刀状产卵器。蟋螽科的物种常有吐丝织巢的习性，在直翅目中较为特殊。

· 素色杆蟋螽 *Phryganogryllacris unicolor* Liu & Wang, 1998
黄褐色的中型蟋螽。前胸背板侧叶边缘黑色。各足粗壮，胫节具长刺。两性长翅，翅脉黑褐色，翅室大而规整。触角极长，远超过体长。见于北方多地的林下环境

· 婆蟋螽 *Capnogryllacris (Borneogryllacris) sp.*
中大型的蟋螽。淡黄褐色，头部及前胸背板边缘具黑色。各足粗壮，具长刺。后足刺黑色。两性长翅，翅脉深褐色。见于华东华南各地的林下环境

• 蜡蟋螽 *Zalarnaca (Glolarnaca) sp.*

褐色的小型蟋螽。体态紧凑而肥胖。前胸背板侧缘黑色，背侧具黑色斑点。前翅褐色不超过腹端，翅脉浅色，翅室规整。雌性产卵器弯刀状。见于华南、西南各地的林下环境

· 丑螽科 Anostostomatidae Saussure, 1859

外观近似蟋螽科，但前胸背板前部通常宽阔，前足胫节基部具听器。雄性前翅无发音器，雌性产卵器刀状。在中国见于南方各省。

• 翼糜螽 *Anabropsis (Ptcranabropsis) sp.*

褐色的大型螽斯型昆虫。前胸背板背侧较光滑。各足修长，前中足胫节具长刺。两性长翅，超过腹端，具深色斑点；翅展开后宽大，无发音器。尾须细长而多毛，雌性产卵器刀状。见于南方各地的森林环境

· 螽斯科 Tettigoniidae Krauss, 1902

螽斯总科 Tettigonioidea 下的唯一一个科。这是一个多样性甚高的科，我们日常可见的多数螽斯型昆虫均为此科成员。螽斯科物种形态多样，通常体态侧扁。前足胫节具听器。雄性前翅具左右高度不对称的发音结构，尾须常有分支或刺状的特化结构，用于在交配时起到抱握器的作用；雌性具弯刀状产卵器。螽斯科物种多样性甚高，一些物种外形近似但有着迥异的发音模式，并以此达成物种间的生殖隔离。

• 日本条螽 *Ducetia japonica* (Thunberg, 1815)
修长的、极为常见的绿色露螽，少数个体黄褐色。雄性个体沿背部具褐色纵纹。头小，前胸背板向后扩张。两性长翅，翅室小。各足修长。见于多数省份，可适应城市环境

• 褐斜缘螽 *Deflorita deflorita* (Brunner von Wattenwyl, 1878)
体态匀称的小型露螽。黄绿色，在头部、前胸及前翅基部的背侧具白斑，沿腹部侧面具连续的大块白斑并具有褐色边缘。两性长翅，翅端焦褐色。见于华东各省的林地环境

• 秋掩耳螽 *Elimaea fallax* Bey-Bienko, 1951

体态修长的绿色露螽，少数个体黄褐色。雄性个体沿背部具褐色纵纹。头小，
前胸背板向后扩张。两性长翅，翅室大而规则；后翅稍带粉红色。各足修长。
见于东部各省的林地环境

• 镰尾露螽 *Phaneroptera falcata* (Poda, 1761)

修长的中小型露螽。体黄绿色，头胸部密布细小黑点，前翅背侧褐色。两性翅
发达，远超过腹端。各足修长。见于华东、华北各地的林缘或草地环境

• 赤褐环螽 *Letana rubescens* (Stål, 1861)

修长的中小型露螽。黄绿色，具暗色斑块。复眼蓝灰色，体背侧褐色。通体具
黑色疹点。各足胫节红褐色。见于华南及西南各省，栖息于林缘及草地环境

• 华绿螽 *Sinochlora* sp.

体态匀称的淡绿色露螽。复眼黄色，隆起。前胸背板较光滑。沿前翅前缘域基部具一黑色纵条纹，此条纹内侧紧邻处白色。后足极修长，长于体长。见于华东华南多地，具较多近似种，栖息于林地环境

• 彩色半隆螽 *Semicarinata colorata* Liu & Kang, 2007

修长的中型露螽。体墨绿色，具大量白色条纹，使得整体观色彩斑驳。头部较圆，前胸背板背侧平坦。两性长翅，前翅革质稍具光泽。后足极延长，胫节刺黑色。仅见于海南的森林环境

• 刺平背螽 *Isopsera spinosa* Ingrisch, 1990

体态修长的中型露螽。通体绿色，复眼蓝灰色，前胸背板两侧具红褐色条纹，前胸背板背侧平坦且光滑。后足修长，胫节刺黄绿色。见于华中、华东各地的森林环境

• 凸翅糙颈螽 *Ruidocollaris convexipennis* (Caudell, 1935)
体态宽厚的中大型露螽。体绿色，面部及腹部具褐色。触角褐色具浅色环节。前翅较宽，具黄褐色斑。各足膝部黄褐色。见于华东及华南各地，栖息于森林环境

• 叶型重螽 *Baryprostha foliacea* Ingrisch, 1990
体态厚重的中型露螽。头部较大，前胸背板侧隆线具细齿。前翅宽大叶形，翅脉隆起。通体暗绿色，具浅色杂斑。见于华南、西南各地的林地环境

• 大围山似褶缘螽 *Paraxantia daweishanensis* Liu, 2014
大型拟叶露螽。头部较大，前胸背板侧隆线具齿突。前翅长且宽阔，叶状。中后足基部与中后胸衔接处具褐色斑。后足修长，股节腹侧具齿。见于云南东南部，栖息于高海拔森林之中

• 墨脱似褶缘螽 *Paraxantia rubripes* Wu & Liu, 2021
大型拟叶露螽。近似大围山似褶缘螽但体色偏黄，各足基部粉红色，且各足胫节扁宽。见于西藏东南部，栖息于高海拔森林之中

• 波缘棘卒螽 *Trachyzulpha sinuosa* Liu, 2014
拟态苔藓的中型露螽。前胸背板及各足具显著的棘刺及扩展物。整体黄绿色，具斑驳的灰白及褐色杂斑。翅狭长，边缘弧形，具光泽。见于西藏东南部及云南西北部的中高海拔森林之中

• 凤凰卒螽 *Zulpha fenghuang* Wu & Liu, 2020
拟态树皮的露螽。头部较大，口器向前。前胸背板横沟处缢缩。前翅狭长，末端平截；后翅黑褐色具玫红色斑块。各足较短。见于云南南部，紧贴树干生活

• 淑珍细颈螽 *Leptoderes shuzhenae* Wu & Liu, 2018
中型拟叶露螽。头部口器向前，前胸背板延长呈颈状，前胸背板侧隆线处具黑褐色条带。前翅宽大，自基部向后逐渐加宽；后翅黄褐色，具黑色且有光泽的色带。见于西藏东南部及云南西北部的中高海拔森林

• 绿背覆翅螽 *Tegra novaehollandiae viridinotata* (Stål, 1874)
拟态树皮的中大型拟叶螽。体褐色，具杂斑。体态稍扁平，各足稍短。生活时常紧贴树枝栖息。见于南方各省的森林环境

• 翡螽 *Phyllomimus* (*Phyllomimus*) sp.　　　　　　　　　　（王志良摄）
小型拟叶螽。通体翠绿色，复眼淡褐色。头部顶端较尖，前翅稍宽，前缘具白色。生活时常能压平身体，并用前翅覆盖中后足以隐藏肢体。见于华中、华东各省的森林环境

• 黄斑珊螽 *Sanaa intermedia* Beier, 1944
中大型拟叶螽。体褐色，但前胸黄绿色，前翅亦具有间断的黄绿色斑。前胸背
板中部较凹。后翅紫黑色，横脉白色。见于云南南部的森林环境

• 巨拟叶螽 *Pseudophyllus titan* White, 1846
体型巨大的拟叶螽，是中国最大型的直翅目昆虫。体绿色，头部及前胸背板边
缘具褐色。各足生有强壮的刺突用于防御。翅宽大，远超过腹部末端，具一条
粗壮径脉宛如叶片的主脉。见于云南南部及西部的低海拔森林

• 山陵丽叶螽 *Orophyllus montanus* Beier, 1954
中型拟叶螽。体黄绿色，复眼黄色。状如大型的翡螽，但更加粗壮。前翅翅室
大且较规则。见于华东、华南各省的森林环境

• 贯脉菱螽 *Pseudophyllus ligatus* (Brunner von Wattenwyl, 1895)
体色鲜亮、绿色的中大型拟叶螽。头顶具白色斑。前翅宽大，具浅黄色横纹，以拟态植物叶脉，前翅末端较尖。见于广西、海南等地的森林环境

• 弧翅螽 *Hemigyrus* sp.
中大型拟叶螽。体态强壮。绿色，头顶稍尖，前胸背板中隆线多棘刺。前翅背侧显著隆起，使整体侧面观近弧形。各足具粗壮的齿突。雌性后翅具发音结构，可以腹部摩擦发声。见于海南、广西、云南等地的森林环境

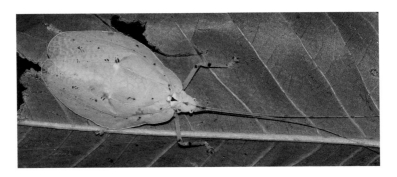

• 鼓叶螽 *Tympanophyllum maximum* (Rehn, 1906)
中型拟叶螽。体亮绿色，稍带荧光感，具杂乱斑点。头部较小，窄于前胸背板。前翅非常宽大，具宽阔的发音区域；后翅稍退化。生活时能平铺前翅掩盖中后足。见于云南南部的森林环境

• 宽翅纺织娘 *Mecopoda niponensis* De Haan, 1842
常见的大型螽斯。体绿色或褐色。前翅短宽，具少量黑斑。各足刺较短。见于南方各省，且能适应城市生活

• 纺织娘 *Mecopoda* sp.
常见的大型螽斯。体绿色或褐色。前翅长，具少量黑斑。各足刺较短。纺织娘属存在较多外形近似的物种，这些物种外形几乎一致但发音截然不同。见于南方各省

• 黑膝大蛩螽 *Megaconema geniculata* (Bey-Bienko, 1962)
大型蛩螽。体绿色，背侧褐色，沿褐色两侧具白色边缘。后足膝部显著黑褐色。见于华北及华中多省的林地环境

• 原栖螽 *Eoxizicus* sp.

淡绿色的小型螽斯。复眼红褐色，前胸背板较短，侧缘常具黑褐色条纹。喜栖息于植物叶片之上，能捕食各类路过的小型昆虫。见于华东华南各地

• 长瓣草螽 *Conocephalus exemptus* (Walker, 1869)

小型草螽。体绿色，背侧黑褐色，前翅黄褐色。头顶稍呈锥状。后足修长。雌性产卵器极长，超过体长。见于东部地区多省，常栖息于水边草丛环境

• 黑胫钩额螽 *Ruspolia lineosa* (Walker, 1869)

体态修长的中大型草螽。体绿色或褐色。头顶锥状，但较钝。前翅修长，远超过腹部末端。各足胫节黑褐色。见于华东、华南各省，栖息于农田及林缘环境

• 日本似织螽 *Hexacentrus japonicus* Karny, 1907

绿色的中型螽斯。在头、胸及前翅基部的背侧具黄褐色斑。前胸背板后缘扩展显著，前中足胫节刺长且尖锐，能用以捕食其他昆虫。多见于东部地区的灌丛环境

• 海南迟螽 *Lipotactes laminus* Shi & Li, 2009

小型螽斯。体黄褐色，具黑褐色斑纹。头部及复眼较大，前胸背板马鞍形。前翅非常短小，但具发音器。后足修长，近体长的2倍。见于海南各地

• 笨棘颈螽 *Deracantha onos* (Pallas, 1772)

硕大的粗壮螽斯。体黄褐色，具黑褐色斑。头圆，复眼隆起。前胸背板横沟处
缢缩显著，具瘤状凸起。前翅完全被前胸背板掩盖，两性均可发声。后足稍
短，不善跳跃。见于北方各省的草地环境

• 暗褐蝈螽 *Gampsocleis sedakovii obscura* (Walker, 1869)

中大型螽斯。头大，额部稍突出。通常绿色至墨绿色，具杂乱的深色斑。两性
短翅，稍及腹部末端。雌性产卵器长且直，末端平截。见于北方各地

• 优雅蝈螽 *Gampsocleis gratiosa* Brunner von Wattenwyl, 1888
中大型螽斯。头大，额部稍突出。通常绿色至墨绿色，沿前胸背板边缘具白色。两性短翅，但雌性翅显著更短。雌性产卵瓣长且直，末端平截。为著名的赏玩鸣虫，见于北方各地

• 中华螽斯 *Tettigonia chinensis* Willemse, 1933
中型螽斯。通体黄绿色，背侧褐色。两性翅发达，远超腹部末端。各足胫节黄褐色。见于华中、华东、华南各省，栖息于林缘及农田环境

• 寰螽 *Atlanticus* sp.

褐色的中型螽斯。体侧色彩稍浅，面部复眼附近具黑色带。雄性前胸背板后
延，盖住部分前翅；雌性翅极短，被前胸背板掩盖。寰螽属广泛分布于中国东
部地区，具较多近似种，一些物种不易区分

• 中华尤螽 *Uvarovina chinensis* Ramme, 1939

小型的地栖螽斯，近似寰螽但显著较小。体褐色，前胸背板侧叶边缘白色，后
足股节腹面黄绿色。后足极延长，长于体长。两性翅短，但雌性显著更短。见
于北方各省的草原环境

• 迭部甘螽 *Kansua diebua* Liu, 2015
中大型螽斯。体绿色具深色杂斑。复眼黄色。两性短翅，但相对较长，不及腹部末端；后翅退化。雌性产卵器长且直。见于甘肃南部，栖息于灌丛环境

• 蟋蟀科 Gryllidae Laicharting, 1781

蟋蟀科所在的蟋蟀总科 Grylloidea 包含了蟋蟀科 Gryllidae、鳞蟋科 Mogoplistidae、蛛蟋科 Phalangopsidae、蛉蟋科 Trigonidiidae 等 4 个现生科，均在中国有分布记录。蟋蟀科多样性甚高，能适应多样的栖息环境。蟋蟀科物种通常头部较大，近半圆形；通常体稍扁；雄性前翅具发音结构，右翅盖于左翅之上，一些物种翅短或完全退化。雌性具针状产卵器。

• 多伊棺头蟋 *Loxoblemmus doenitzi* Stein, 1881

褐色的中型地栖蟋蟀。头部形态独特，正面观扁平，头顶及两侧具角状扩展。雌性头部较小，面部稍平截。具发达后翅，但易于脱落。常见于东部各省，能适应城市生活

• 黄脸油葫芦 *Teleogryllus emma* (Ohmachi et Matsumura, 1951)

褐色的中大型地栖蟋蟀。头部较圆，具浅色眉纹。后翅常发达。常见于东部各省，能适应城市生活

• 银川油葫芦 *Teleogryllus infernalis* (Saussure, 1877)

黑褐色的中大型地栖蟋蟀。头部较圆，具浅色眉纹但显著。后翅常发达。常见于北方各省，栖息于农田环境

• 花生大蟋 *Tarbinskiellus portentosus* (Lichtenstein, 1796)

体型硕大的蟋蟀，是中国最大型的蟋蟀。体黄褐色，具深色斑。头圆，前胸背板前部较宽。各足稍短。穴居，常在洞口鸣叫。见于华南、西南各省，农田环境常见

• 迷卡斗蟋 *Velarifictorus micado* (Saussure, 1877)

或称中华斗蟋。中小型蟋蟀。体黄褐色，头胸部常具浅色纹路。单眼间具白色横纹。这是最著名的直翅目物种之一，中国各地兴盛的斗蟋文化即是以此种打斗。见于全国各地，能适应城市生活

• 长颚斗蟋 *Velarifictorus aspersus* (Walker, 1869)

中小型蟋蟀。体黄褐色，头胸部常具浅色纹路。单眼间具白色横纹。近似于迷卡斗蟋，但上颚显著延长。见于全国各地，能适应城市生活

• 双斑蟋 *Gryllus bimaculatus* De Geer, 1773

黑褐色的中大型蟋蟀。体态壮硕。面部无斑纹。前翅基部黄色，背面观时宛如一对黄斑，因而得名。各足黑褐色，亦无斑纹。见于南方各省。常用于宠物饵料大量饲养，饲养个体常常浅色

• 长瓣树蟋 *Oecanthus longicaudus* Matsumura, 1904

体态纤细的树栖蟋蟀。体白绿色，头部小，口器向前。雄性前翅宽于身体，完全透明。腹部腹侧黑色。见于华北、华东各地的林缘及农田环境

• 青树蟋 *Oecanthus euryelytra* Ichikawa, 2001

体态纤细的树栖蟋蟀。体白绿色，头部小，口器向前。雄性前翅宽于身体，完全透明。腹部腹侧黄绿色。见于华北、华东各地的林缘及农田环境，能适应城市生活

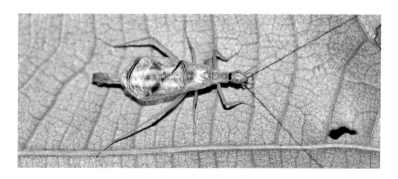

• 丽树蟋 *Xabea levissima* Gorochov, 1992

体态纤细的树栖蟋蟀。头部较圆，口器向前。黄褐色，头后及前翅具黑色纹。前胸背板长且稍缢缩。前翅宽大，透明。见于西南各省低海拔森林环境

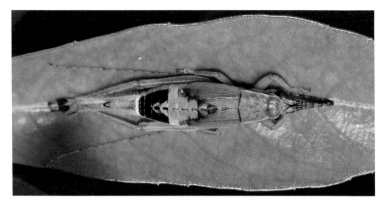

• 梨片蟋 *Truljalia hibinonis* (Maisumura, 1917)

绿色、粗壮的叶栖蟋蟀。体稍扁，头圆，复眼隆起。沿前胸两侧具黄色纵纹。前翅发音区域稍透明，具褐色斑。片蟋属的物种外形难以区分，存在较多近似种。见于华东各省，能适应城市生活

• 云斑金蟋 *Xenogryllus marmoratus* (De Haan, 1842)

黄褐色的大型蟋蟀，树栖种。沿头部中央具深色纹路。雄性前翅宽阔，较透明，具少量黑斑。后足极修长，胫节具稀疏的大刺。尾须细长多毛。见于华东各省，能适应城市生活

• 小额蟋 *Itara minor* Chopard, 1925
淡褐色的中型蟋蟀。体态扁平。头圆且较小，但宽于前胸背板。前翅宽阔，具宽大的发音结构。各足黄褐色，膝部及胫节黑褐色。见于云南南部的森林环境

• 小音蟋 *Phonarellus minor* (Chopard, 1959)
中小型蟋蟀。体褐色，触角具白色环带。头部为鲜明的橙红色。各足黄褐色，但后足股节基半部黑色。尾须基半部黄褐色，端半部黑色。见于云南、广西等地的林缘及农田环境

• 普通幽兰蟋 *Duolandrevus dendrophilus* (Gorochov, 1988)
体态扁平的中型蟋蟀。体黑褐色，无显著斑纹。两性短翅，雄性翅仅达腹部一半，雌性短短三角形。见于南方各省，喜栖息于树木缝隙之中

·鳞蟋科 Mogoplistidae Costa, 1855

小型蟋蟀，通常树栖。头小，前胸背板向后显著加宽；雄性短翅，雌性常无翅。体表密布鳞粉，因而得名。尾须很长，柔软而多毛，雌性具短的针状产卵器。

· 奥蟋 *Ornebius* sp.
小型树栖蟋蟀。体扁，密布鳞片。前胸背板平坦。雄性短翅，雌性无翅。尾须甚长，往往长于体长。奥蟋属分布广泛，包含多个近似种

·蛛蟋科 Phalangopsidae Blanchard, 1845

体态扁平的地栖蟋蟀。头小，前中足较长。雄性常具宽大扁平的前翅，具发音结构；后翅发达或缺失。雌性具针状产卵器。

· 日本钟蟋 *Meloimorpha japonica* (Haan, 1844)
体态扁平的中型蟋蟀。头小，窄于前胸背板。黑褐色，触角大部分白色。各足细长。后翅发达但易脱落。见于东部各省，可适性城市生活；鸣声悦耳，常被饲养售卖，用于赏玩

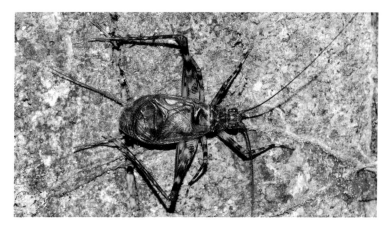

• 比尔亮蟋 *Vescelia pieli* (Chopard, 1939)
体态扁平的中型蟋蟀。头小，窄于前胸背板。黄褐色，具深色杂纹。尾须细长
多毛。见于华南各地的森林环境，尤其溪流边常见

• 蛉蟋科 Trigonidiidae Saussure, 1874

通常小型，是习性多样的精巧蟋蟀。蛉蟋科物种体长通常
小于 1 厘米，通体常具显著刚毛。一些物种的雄性前翅缺乏发音
结构，雌性产卵器短针状。

• 双带斯蛉蟋 *Svistella bifasciata* (Shiraki, 1911)
小型树栖蟋蟀，体黄褐色，具深色杂纹。前翅宽阔，翅脉浅色。各足具深色条
纹。见于华东华南各地的林地环境

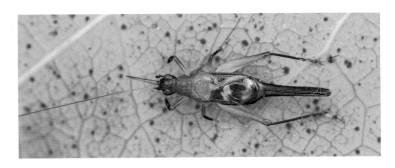

• 墨蛉蟋 *Homocoxipha* sp.

小型树栖蟋蟀。体橘红色，色彩明亮。前翅基半部橘红色，后半部深色。各足胫节黑褐色。后翅发达但易脱落。见于华东华南各地的林地环境

· 蝼蛄科 Gryllotalpidae Leach, 1815

蝼蛄科所在的蝼蛄总科 Gryllotalpoidea 包含了蝼蛄科 Gryllotalpidae 及蚁蟋科 Myrmecophilidae，二者均在中国有分布。蝼蛄科体近长筒形，头部小，前口式，前胸非常发达壮硕，前足开掘式，中后足为步行足。前翅缩短，雄性前翅具发音器；后翅发达或退化。两性尾须细长多毛，雌性产卵器退化。蝼蛄科是典型的穴居直翅目昆虫，以植物根茎为食，也可能取食遇到的土壤昆虫。

• 东方蝼蛄 *Gryllotalpa orientalis* Burmeister, 1839

中型蝼蛄。头小，前胸膨胀。前足为开掘足。两性前翅较短，雄性具发音器；后翅宽大，折叠成条状贴附在腹部背侧。后足胫节背侧具一排长刺。腹部大半部外露，尾须细长柔软。见于各地农田及滩涂环境

• 单刺蝼蛄 *Gryllotalpa unispina* Saussure, 1874
近似东方蝼蛄但体型显著更大，常可达到东方蝼蛄的一倍。后足胫节背侧仅具
1~3刺，可与前者区分。见于北方各地的农田环境

• 蚁蟋科 Myrmecophilidae Saussure, 1874

高度特化的蚁栖昆虫，体小而紧凑。头较宽，整体近卵圆形，
胸腹节背板结构近似，完全无翅，后足粗壮，雌性具产卵器。蚁
蟋科昆虫见于全国各地的蚁巢之内，以蚁巢内储存的食物及蚁卵
为食。

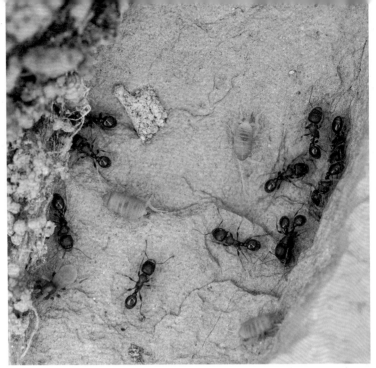

• 蚁蟋 *Myrmecophilus* sp.

体型微小的蟋蟀型昆虫。体黄至黄褐色，近卵圆形，完全无翅。触角稍短、粗壮，后足股节膨大显著，雌性具短的产卵器。见于东部各省的蚁巢之中

• 特板异蚤 *Phaulula apicalis* Liu, 2011 （王建赞摄于海南琼中）

6/

直翅目

昆虫

的

采集与饲养

观察采集

观察采集法是最简单的采集方式，但也较为考验采集者的经验。直翅目昆虫往往有着较好的拟态及保护色，在自然环境中发现它们并非易事。在白天，我们可以寻找目标昆虫的栖息环境来发现它们，对昆虫习性的了解，显然更有助于我们观察并捕获它们。例如，剑角蝗类的成员青睐禾本科植物构成的草丛、一些大型拟叶螽以桑科的各种榕树为食、潮湿的布满苔藓的崖壁会有多种蚱栖息等。除了日行性的蝗虫，多数直翅目昆虫，尤其螽亚目物种，夜晚采集常常有更好的效果。在夜晚，可以用手电光沿路照射，由于昆虫体表，尤其是翅膀的反光与植物叶片的反光差异较大，因而那些在白天很难发现的有很好保护色的直翅目昆虫，在夜晚的手电光下都变得易于发现。很多螽亚目成员的雄性成虫也会在夜晚鸣叫，通过声音寻找，也能发现它们的踪迹，甚至能顺带找到被雄性鸣声吸引而来的雌性；在我们发现需要采集的目标后，用捕虫网捕捉即可。一些蟋蟀在洞穴中生活并在洞口鸣叫，可通过向洞穴内灌水的方法将其逼迫出洞进行捕捉。

• 很多直翅目昆虫有着较好的伪装，或善于藏匿，用观察采集法需要一定的经验

扫网采集

扫网采集较为简单，使用结实且不易剐蹭的捕虫网，沿路反复扫过植物即可。受到惊吓的直翅目昆虫会在跳出及逃离的过程中被捕捉入网。这样的采集操作对于在草原环境采集蝗虫类尤其有效，但需要注意应及时检查收集网内的标本，以免过多昆虫及杂物混杂一处，造成标本的损坏。此外，对于灌丛，尤其有多刺植物的灌丛环境，会因易于剐蹭捕虫网而使扫网采集效果较差；对于森林环境而言，很多螽斯类昆虫在栖息地中过于分散，而使扫网采集效率不高。

• 网捕是最
常用的采集
方式

震落采集

　　猛然敲击植物的枝干，往往会使得停息其上的直翅目昆虫受到惊吓而跌落，利用这一习性，即可对这些昆虫进行采集。震落采集法需要手持一块由支架撑平的白布，用于接住被震落的昆虫，也方便观察收集；另一手持一根木棒，用于敲打灌丛。在操作时，一手将震虫布伸入植物下方，另一手用木棒猛然敲打植物枝干；在昆虫掉落在布上时及时将其捕捉以免逃脱。震虫布亦可用雨伞代替，但应使用白色雨伞以便于观察。震落采集法简单易行，对于一些灌丛栖息的小型蟋蟀及螽斯非常适用，但由于昆虫跌落后可能快速逃离，也对采集者的敏锐度有一定要求。

灯诱采集

　　由于很多夜行性的直翅目昆虫具有趋光性，因而在夜晚通过灯诱采集，能比较轻松地收集标本。灯诱采集需要准备高亮度的高压汞灯作为光源，另需一张白布，为趋光而来的昆虫提供停落的地方，同时也便于观察收集。灯诱所用的白布没有固定要求，如能以支架支撑、平展于汞灯的一侧则最为方便；如条件限制，将白布平铺于灯下亦可。此外，近年来颇为流行的灯诱帐篷亦可，十分便捷。在多雨的地点及季节进行灯诱采集时，还应注意高压汞灯的防水，通常在汞灯上方固定一把雨伞即可。高压汞灯在工作时灯体温度较高，应避免接触以免灼伤；停止灯诱采集时，也应先断电，在灯体冷却后再操作收整；过热的灯体接触低温物体可能导致炸裂，应尽量避免。

灯诱采集的效果受地点、天气等因素影响较大。对于在自然环境中采集，应尽量避免在过于郁闭的林下，以免灯光难以扩散到较远的地方，也不应选择在风力较大的山口，以免趋光而来的昆虫难以飞近。闷热的阴天灯诱效果往往较好，微雨也不会影响效果，但过于晴朗，尤其有明亮月光的夜晚，灯诱效果常常较差，采集时应避开满月。除去使用高亮度的高压汞灯进行灯诱，还可用黑光灯进行灯诱采集；但应注意避免长时间在灯下工作，以免紫外光对眼部造成损伤。

尽管灯诱采集法可以简单且高效地收集大量标本，但也有很大的局限性：对于日行性的多数蝗亚目成员而言，它们很少趋光，也就难以通过灯诱采集；而螽亚目昆虫中，不能或不善飞行的种类也难以趋光来到灯前，这也可能导致采集难以全面。通常情况下，灯诱采集法面对露螽类、草螽类效果较好，一部分蟋蟀类昆虫也有不错效果。另一方面，因直翅类昆虫的成虫常有季节性，也应注意不同季节对采集目标种所带来的影响。

• 灯诱采集是很高效的采集方式，尤其对于螽亚目成员而言

陷阱采集

大多数直翅目昆虫难以通过诱剂陷阱诱捕，但是对于灶螽、糜螽等地栖食腐类群，使用巴氏诱剂进行杯诱有一定效果，尤其在洞穴环境之中。巴氏诱剂制作简单，将糖、醋、白酒以 1∶1∶1 的配比混合即可。实际操作时，在地表挖一个浅坑，并放入诱罐，诱罐可选择塑料质的一次性水杯；水杯垂直放入土坑，深度以恰好能使杯口边缘与地面齐平为准。之后，在水杯内倒入约 1/5 高度的巴氏诱剂即可。昆虫在寻气味前来并跌落水杯后，因难以爬出而被淹死，诱剂中的酒精可在一定时间内令标本不至腐烂。

杯诱法对多类地栖昆虫都有效果，如以此方法采集灶螽等直翅目昆虫，应尽量做到每天检查诱杯，以免标本损坏。此外，还应注意标注全部诱杯的位置，以便于查找，并在采集结束后收回全部诱杯，以免对环境造成影响。

• 杯诱采集中的昆虫，这种采集方法对于驼螽、糜螽等食腐的地栖直翅目昆虫较为有效

其他采集方法

除了上述常用到的，对直翅目昆虫较为有效的采集方法外，飞行阻隔器及马来氏网、筛网筛检落叶层等采集其他昆虫常用到的方法亦可能收集到一些直翅目昆虫标本，尤其小型螽斯及蟋蟀。但相比而言，这些采集方法对于采集直翅目昆虫效率不高，然而在广泛地进行本底调查时亦可一试，尤其马来氏网，尽管短时间内收集直翅目昆虫的效率较低，但可长期铺设，用时间来弥补效率上的不足。

• 马来氏网，飞过的昆虫会被拦网阻拦，并顺着拦网一直向上爬行，最终掉落在收集瓶之中。马来氏网对直翅目昆虫的采集效率不高，但也能收获到一些小型蟋蟀及螽斯等直翅目昆虫

采集后标本的保存

　　采集到的直翅目昆虫可饲养以便于观察行为或赏玩，尤其是一些若虫，需要饲养至成虫后才能准确鉴定，关于直翅目昆虫的饲养我们后文会有详解。而对于科学考察中的采集而言，采获的标本应尽快处死并细致保存以免于损伤。我们通常选择以乙酸乙酯毒瓶来杀死直翅目昆虫标本。

　　简易的毒瓶制作，可选一支 50 毫升离心管，在离心管内塞一团餐巾纸并将其按实在离心管底部，之后滴加适量的乙酸乙酯试剂在纸团上即可。乙酸乙酯不应过量，以能全部被纸团吸收为宜，过多的试剂可能浸染标本造成褪色。实际操作时，将捕获的直翅目昆虫放进毒瓶并盖严，在观察到昆虫已经被毒杀后，及时将标本取出，毒杀时间过久亦可能使标本褪色。对于体型较大的昆虫，也可通过在胸腹部注射乙醇处死。需要注意的是直翅目昆虫在挣扎过程中可能自断后足，这些断肢亦应保留，在日后用乳胶粘回标本的身体。

• 用离心管制作的简易毒瓶，在纸团上
　滴加乙酸乙酯即可使用

• 杀死后的直翅目昆虫可以自封袋纸包保存，
　需在垫纸上滴加适量乙醇防腐

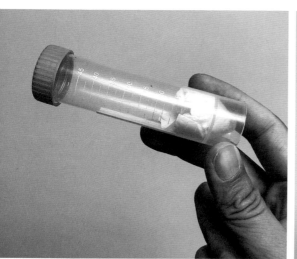

杀死后的标本可放于棉包中干燥保存，对于小型种也可直接放入三角袋中干燥。干燥后的标本可长时间存放，待需要时取出还软即可继续整姿制作标本。此外，还可选择在自封袋中放一张餐巾纸，将处死的标本放在纸上，在纸上滴加少量乙醇，之后密封自封袋保存；这一方法可使标本在一段时间内不会腐坏，也不会干燥，在采集结束后无需还软即可继续整姿制作标本。自封袋保存法较为方便，但要注意，如长时间不处理标本，需要将标本冻入冰箱保存，以免标本腐烂。除此之外，对于将用于分子研究的标本，或不担心褪色的标本，亦可直接泡入所需浓度的乙醇保存；需注意，长期浸泡乙醇的标本，日后如进行干制，干燥后可能导致严重的干瘪变形，不利于观察外部结构。

采集后昆虫的饲养

无论是科研需要还是鸣虫赏玩，人们都常对直翅目昆虫有各种各样的饲养需求。对于科学研究，饲养环境下，有助于对直翅目昆虫的行为及鸣声进行记录，相比野外更易于记录到无杂音的鸣声。蟋蟀、螽斯等常规鸣虫也有着较大的爱好者基础，中国人民自古以来就有饲养蟋蟀、螽斯的风俗，而近年来，对一些外貌优雅美丽的直翅目昆虫作为宠物饲养的需求也在逐渐兴盛。这里简单介绍下直翅目昆虫的一般饲养方法，简单易行，有助于感兴趣的读者入门尝试。

直翅目昆虫饲养相对简单，通常也易于累代繁殖。对于野外带回的直翅目昆虫而言，只需提供一个带有可攀爬的网纱的塑料盒即可。由于直翅目昆虫通常是以倒吊的姿态蜕皮，因此饲养若虫时，尤其是蝗虫及螽斯，饲养盒内配置顶网是必要的；缺乏顶网可能使得这些需要倒吊蜕皮的昆虫在侧壁上进行蜕皮而导致畸形。由于很多螽斯后足非常修长，饲养容器的高度不可过矮，一般应超过所饲养昆虫体长的两倍。饲养容器的侧壁应打孔以便于通风，持续闷湿的环境可能造成所饲养昆虫的死亡；而对于湿热地区的物种，也应注意容器内的保湿。除了塑料盒，网笼也可用于直翅目昆虫的饲养，网笼相比塑料盒的优势在于通风性更好，但在干燥的环境中，网笼饲养直翅目昆虫也更容易因过于

• 简单的塑料盒只要内部加入可供昆虫攀爬的网纱即可使用，应注意打孔通风

• 饲养地栖的蟋蟀类昆虫则更为简单，在盒底垫上潮湿纸巾即可用作简易的饲养器具

干燥而死亡。

　　绝大多数直翅目昆虫并没有专食性，对于植食性物种而言，各种常规的无毒植物、甚至蔬菜均可试做饲料，但一些蝗总科成员可能青睐禾本科植物。对于一些螽亚目成员，我们日常食用的粮食亦可作为饲料使用，尤其蟋蟀类昆虫；少部分捕食性的螽亚目物种则可以花鸟市场上易于购买的黄粉虫或饲料蟋蟀投喂。饲养直翅目昆虫时，未能吃完的食物应及时清理换新，以避免饲料变质发霉导致所饲养昆虫的死亡。除此之外，也应适当在容器内喷水以便于所饲养的昆虫补充水分。

　　相对而言，成虫饲养比若虫更加容易，毕竟无需考虑蜕皮的问题。但如想进一步繁殖累代，则需更细致地准备。

　　将成熟的两性成虫放在一起饲养，通常即可自主完成交配；在交配后可将两性分开饲养，以免雌性产卵时受到干扰。对于蝗亚目和产卵于土壤中的蟋蟀、螽斯，饲养容器的底部需要铺垫一层较厚的土壤。为避免土壤中的病菌影响饲养，需要预先高温灭菌。土层所需的厚度、坚实度及湿度因所饲养的物种的不同而异，可参考饲养个体所采集的环境来模拟尝试。在草秆、树叶等介质中产卵的蟋蟀、螽斯等，则应放入相应的材料，以便于所饲养的昆虫产卵；一些露螽需要在新鲜树叶中产卵，可将带叶的树枝浸泡在小水瓶中放入容器，以确保叶片能保持新鲜。对于热带及亚热带的物种，虫卵维持在饲养温度下持续保湿即可孵化；而一些寒冷地区的物种，虫卵可能需要经历低温刺激才能顺利发育，这时需要注意温度应缓慢降低，不可急剧地大幅度降温刺激。孵化后的小若虫应及早分盒饲养，以免互相伤害。

• 华美翎螽*Ceratopompa festiva* Karsch, 1890（标本由上海张嘉致先生制作并拍摄）

7

直翅目
昆虫
的
标本制作

干制标本是昆虫标本保存的主要方式。保存高质量的标本是科学研究的基础，也可在展示中为大众提供直观的科普信息，亦可作为爱好收藏欣赏。直翅目昆虫标本制作简单，以下为普适性的基本操作，也可根据自身需要进行调整。

制作直翅目昆虫标本的准备工具通常包括标本针、泡沫板、镊子、硫酸纸等。对于非褐色的直翅目昆虫，尤其绿色个体，标本褪色可能较为严重；应对方法的核心即为快速干燥，尽量避免标本在干燥过程中轻度腐烂造成变色。还应注意乙醇等试剂对绿色部分的影响，在常用试剂中，浸泡乙醇或长时间在乙酸乙酯中熏杀均可导致标本的绿色部分变黄。接触高温，尤其使用热水还软干标本，也会使绿色迅速退去。因此，如标本需要保色，则应避免上述操作。以下操作以新鲜标本为例，如原料标本为干制标本，则应浸泡在冷水中缓慢还软，之后再按照下述步骤操作。

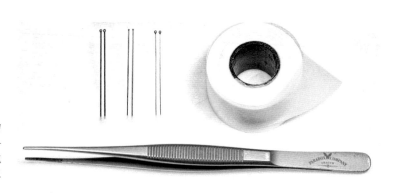

• 制作直翅目昆虫的干制标本只需要准备泡沫板、标本针、硫酸纸、镊子等基本工具（张嘉致摄）

① 选择将要操作的直翅目昆虫标本，清理标本表面杂物和污渍。对于腹部较大，内容物较多的个体，建议从腹部一侧的节间膜切开小口，用镊子取出消化道等内脏，之后用适量棉花回填，这样可最大程度地避免标本在干燥过程中腐烂。应注意避免破坏腹部末端的外生殖器等结构，雌性个体剖出的成熟卵粒亦可用小离心管浸泡乙醇保存，以用于日后研究。

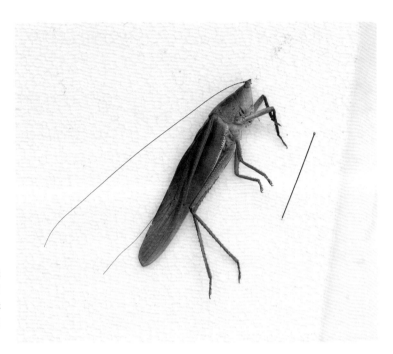

• 制作前预先活动标本的关节，对于腹部内有较多内容物的标本，应预先剖除，以避免标本腐烂

② 轻轻活动标本的各个关节，包括足、翅、口器等部位。打开一侧翅膀，将适度粗细的标本针从中胸插入至适当深度；对于无翅或无需展翅的个体，可直接将标本针插入前胸背板或中胸位置。

对于螽斯类昆虫，雄性左前翅腹面具有一排发音齿，因此，打开左翅有助于日后的研究与鉴定；而右翅的摩擦发音区域也可因左翅的打开而易于观察。传统上，直翅目昆虫插针位置为前胸背板，但这样会一定程度地破坏前胸背板的结构，因此建议插针在中胸的位置，但如标本不展翅处理，则中胸可能被翅膀遮挡不易操作。

标本针通常包含 0～5 号 6 个型号，长度一致，随针号加大而逐渐加粗。细的标本针对标本损伤较小，但过细可能在保存中导致标本晃动而易碎；过粗的标本针较稳但对标本损伤较大。因而需要挑选粗细适度的标本针来配合相应的标本。标本针插入标本的深度可用"三级台"调整统一，以求美观。

• 拉开一侧翅膀，在
中胸背侧的位置插入
标本针

③ 将插好针的标本固定在整姿板上，用另一块厚度约等于
标本身体厚度的泡沫板作为展翅用的平台，并垫放在需要展开的
一侧翅下。用镊子拉开需要展开的一侧翅膀，使得后翅的前缘近
垂直于身体、前翅的后缘与后翅的前缘近相切。注意，前后翅不
要相互遮挡。之后，用硫酸纸覆盖在翅上，并用标本针沿翅的边
缘穿过硫酸纸并插入垫放的泡沫板，以将翅膀压平固定，这些标
本针不可穿过翅膀。

• 将标本固定在泡沫
板上，用硫酸纸压平
展开的一侧翅膀

④ 用镊子调整各足，并用标本针逐一固定各足。展开前足向前，以便于观察听器结构，中足及后足向后，侧面观时尽量避免遮挡前胸侧叶。直翅目昆虫后足通常较长，应向后拉伸，以免折屈的后足顶点过高，在标本盒中难以保存。因跗节较为柔软，在干燥过程中可能变形，因而亦需要用标本针逐一固定。

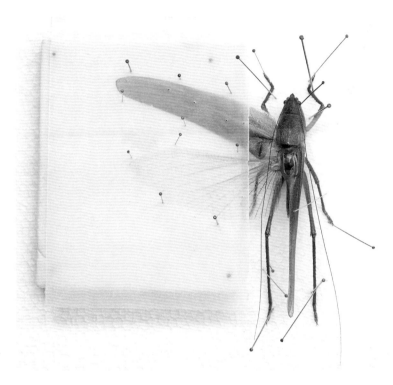

• 用标本针固定六足并尽量左右对称

⑤ 检查并调整身体及各足，尽可能地使标本身体躯干在同一直线，各足左右对称，以求美观。用镊子拉伸触角，并用标本针固定。对于螽斯类昆虫，过长的触角宜向后拉伸，以便于保存，而对于短触角的蝗虫类，触角向前摆放即可。最后，可用镊子将尾须等结构挑至易于观察的角度并固定，以便于日后研究。

• 调整标本的身体细节，注意跗节、触角等均需用标本针固定，以免在干燥过程中扭曲变形

⑥ 完成后的标本需要放于干燥且通风处，避免强光直射，亦应注意避免受到蚂蚁、蜚蠊等昆虫的啃咬。标本干燥时间视季节及所在的环境而异，可用镊子轻轻碰触足部，如足部关节没有在轻微碰触下晃动，则标本基本干燥彻底；这通常需要 1 周的时间，或可使用干燥箱加速干燥，但温度不应过高。确认标本完全干燥后，小心撤去固定姿态所用的标本针，仅保留插入昆虫身体的那一根。撤针时要小心，尤其注意展翅一侧，撤针的过程可能带动硫酸纸导致标本损坏；建议撤针时用镊子按住针孔处以免硫酸纸被带起。

撤下全部固定用的标本针后，捏住插入昆虫身体的针将标

• 针插入标本的高度及标签高度的可用三级台统一，以求整洁美观

本提起即可。此后，还在虫体下加上采集标签，一件有科学价值的标本才算完成。采集标签应尽可能全面地涵盖采集地点、日期、采集人等信息，如条件允许，还应加入采集地点的经纬度、海拔，以及采集方法等更多信息。如一个标签不能写满，则可分为两个或更多标签填写。标签不宜过大，通常以小于昆虫体宽为好。除去采集签，在日后的研究中还可逐步加入鉴定签、编号签等标签，这些标签亦可使用三级台调整高度以求统一整齐。

⑦ 对于体型较小、不易插针或插针容易破坏结构特征的标本，也可用三角卡纸粘贴来固定标本。方法是将一根粗细适中的标本针插入三角卡纸较宽的一侧，在较窄的一侧正面滴一滴白乳

· 对于小型或不易插针的标本，可粘贴在三角卡纸上固定保存

采集地点

经纬度

海拔

采集人

采集方式

保存单位

采集日期

· 制作好的标本应及时加上采集签，采集签应至少包括标本的采集时间、采集地点、采集人等信息

胶，而后将整好姿态且干燥的标本粘贴在三角卡纸较窄的一侧即可。此后，亦应添加采集标签。对于个体较大的标本，也可使用方形卡纸，以利于标本的稳固；但方形卡纸可能会遮挡较多的腹面特征。

完成后的标本应及时放入标本盒中保存。标本盒应足够密封，以避免皮蠹等昆虫进入盒内侵害标本，亦可在湿热地区防潮防霉。如条件允许，新制作好的标本应在放进标本盒前放入冰箱冷冻 24 小时以杀死可能存在的蛀虫，皮蠹、窃蠹、啮虫等有可能在标本干燥的过程中已经开始侵害标本，如果未经杀虫即将标本放进标本盒中，则这些蛀虫可能继续侵害标本，甚至影响盒内其他标本，造成不可逆转的损失。标本盒应尽量避光保存，长期见光可能使干燥标本进一步褪色；也应定期检查，及早发现可能的虫害问题。为避免虫害，可在标本盒内加入樟脑等药物防虫；但如若盒内已有蛀虫，则樟脑并不能起到杀虫作用，需要将标本盒冷冻杀虫。长期不需打开的标本盒，也可在确保盒内无蛀虫的前提下，用胶带沿开合缝隙封实保存。待标本量较多时，可将标本按类群分盒放置以便于查阅。

• 巨拟叶螽*Pseudophyllus titan* White, 1846，这是中国能见到的体型最大的直翅目昆虫（摄于云南勐腊）

· 长逍遥蛛 *Tibellus* sp.捕
食歧异条螽 *Alloducetia*
bifurcata Xia & Liu, 1993
（摄于云南昆明 感谢林
业杰先生提供蜘蛛的鉴
定信息）

藏匿于生满地衣的树
枝中的凤凰卒蠢*Zulpha
fenghuang* Wu & Liu, 2020
（摄于云南勐腊）

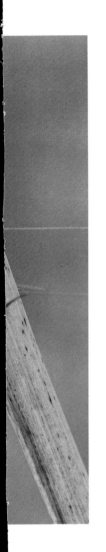

本书由中国科学院科普项目支持。这是一本粗略概述直翅目昆虫各类信息的科普读物，是在中国科学院动物研究所的刘春香副研究员的提议下，我们合力整理了近年来积累的一手信息，配以大量生态照片，以最浅简易懂的语言编写而成。本书从直翅目昆虫的形态、生活史、生物学入手，力争让大众对这类常见且有着重要经济意义的昆虫有一个立体的了解；又以近半的篇幅简介了中国境内分布的直翅目昆虫的各个类群，并挑选了一些常见或有特色的代表物种作为识别图鉴，希望以此能提升大众对这类昆虫的关注，也能一定程度上地"按图索骥"。海峡书局的帮助和支持让本书得以顺利且快速地面世，在此我们表示真挚的谢意。感谢中国科学院动物研究所的康乐院士对本书的支持和帮助，您对作者团队的栽培与鼓励是本书付梓之基石。多年来，动物所的各位前辈、老师、同事为我们提供了众多关照，我们在此也深表谢意。感谢北京的聂采文女士为本书专门绘制了精美插图。除去未加标注的照片均为作者拍摄外，本书中的部分图片由北京的李超先生、刘晔先生、王志良先生、刘锦程先生，上海的胡佳耀先生、张嘉致先生，新疆的王瑞先生，广东的严莹女士，山东的涂粤峥先生，海南的王建赟先生、王冬冬先生，福建的郑昱辰先生，云南的张晖宏先生提供，图片的作者信息在正文中一一标注，这些珍贵精彩的照片令本书增色颇多，在此也一并致谢。最后，尽管我们校对多次，但诚感纰漏难免；着墨处如有谬误，望读者朋友们不吝指出，日后若能再版，定将修补相谢。

刘春香　袁建

二〇二二年六月廿二日于中国科学院动物研究所